MATLAB 工程应用

主　编　胡伟成　刘　伟
副主编　李　天　周华飞　刘震卿　袁紫婷

中国建筑工业出版社

图书在版编目（CIP）数据

MATLAB工程应用 / 胡伟成，刘伟主编；李天等副主
编. — 北京：中国建筑工业出版社，2023.9
  ISBN 978-7-112-28932-5

Ⅰ. ①M… Ⅱ. ①胡… ②刘… ③李… Ⅲ. ①
Matlab 软件 Ⅳ. ①TP317

中国国家版本馆 CIP 数据核字（2023）第 130535 号

责任编辑：徐明怡
责任校对：张 颖
校对整理：赵 菲

MATLAB工程应用

主 编 胡伟成 刘 伟
副主编 李 天 周华飞 刘震卿 袁紫婷

*

中国建筑工业出版社出版、发行（北京海淀三里河路 9 号）

各地新华书店、建筑书店经销
北京鸿文瀚海文化传媒有限公司制版
建工社（河北）印刷有限公司印刷

*

开本：787 毫米×1092 毫米 1/16 印张：11¼ 字数：279 千字
2023 年 12 月第一版 2023 年 12 月第一次印刷
定价：**40.00** 元（含数字资源）
ISBN 978-7-112-28932-5
（41257）

　　当前已进入计算机、大数据和人工智能等信息技术爆发式发展的时代。为适应信息化社会发展的迫切需求，培养学生的逻辑思维和数据分析能力，许多高等学校已经为理工科本科生和研究生开设了计算机语言程序设计课程。现有的编程语言众多，包括 C 语言、C++、Fortran、Python、MATLAB 等，其中以 MATLAB 和 Python 最受科研工作者的欢迎。以编者的浅薄见识来看，与 Python 相比，MATLAB 的入门更加简单，而且集成了数据分析、绘图、仿真等众多工具箱，成为众多科研工作者的首选编程软件。

　　介绍 MATLAB 的书籍非常多，可大致分为两类：一类为 MATLAB 的全功能介绍，但大多是围绕一些内置函数展开，进行用法介绍，鲜有将其扩展到实际工程应用中的实践类教学书籍；另一类为 MATLAB 部分功能介绍，如介绍数学方程求解等，这类书籍设计时面向的读者领域较小，针对性较强。在这样的背景下，编者区别于已有的"全面式"教学方式，通过丰富的工程应用案例设计，对基础知识和实践案例进行耦合阐述，力求从点出发，详细介绍案例的设计思路和程序代码，帮助读者快速掌握实际案例程序设计思路和方法，而非局限于某个或某几个函数的使用方法。

　　为面向更多领域的读者，本书以入门知识为开篇，围绕函数自定义、文件读写、二维绘图、云图绘制、动画制作、数据拟合、信号滤波、并行计算、工具箱应用、GUI 界面设计等知识展开案例设计和详细讲解，并在最后一章设计了多个综合应用实践案例帮助读者快速、全面提高自己的 MATLAB 编程水平。由于程序设计的思路是共通的，因此通过本书内容的学习后，读者可很容易将其移植到其他编程软件中，如 Python 软件。

　　本书由华东交通大学的胡伟成老师和刘伟副教授主编，副主编为重庆大学的李天老师、浙江工业大学的周华飞教授、华中科技大学的刘震卿副教授和南昌理工学院的袁紫婷老师，感谢华东交通大学的王永祥教授、金峻炎副教授和张燕副教授，南昌交通学院的陈进教授、李明华教授和戴金圣老师，江西省交通运输厅的周珣高级工程师的参编，对于本书的编写提供了莫大的支持和帮助。此外，还要感谢在本书撰写和出版过程中给予过帮助的人。

　　本书附带了所有案例的源程序代码，可咨询编者获取，编者邮件地址：huweicheng92@163.com。限于水平，书中疏误与不妥之处在所难免，恳请读者指正，不胜感激。

编　者

2022 年 8 月

配套数字资源

目　录
Contents

第 1 章　MATLAB入门基本知识

　　MATLAB是一款功能十分强大的商业编程软件，它是矩阵 matrix 和实验室 laboratory 两个词的组合，含义为矩阵工厂或矩阵实验室。这款编程软件主要面对科学分析、可视化操作以及人机交互式界面设计的语言和操作环境，它将矩阵运算、数据处理、信号分析、可视化绘图以及模拟仿真等众多非常实用、强大的功能集成到了一个便于用户理解和快速应用的视窗环境中，为众多工程应用和研究领域的科学分析、工程设计等提供了一种全面、可靠的实现途径。目前，该编程软件已经在各个领域中受到了广泛关注和应用，如数据分析、数据生成、信号处理、图像处理、数学仿真、机器学习和深度学习等。

　　为帮助读者快速了解 MATLAB 能够实现的功能和用法，本章主要介绍了 MATLAB 编程软件可实现的功能和软件运行工作界面，以及一些 MATLAB 编程相关的基本概念，包括帮助系统、变量、赋值语句、数据类型、运算符号和内置函数等。本章最后还设计了一个求和计算的多种算法实现的相关算例，帮助读者快速掌握 MATLAB 一些其他的相关入门知识，如求和、循环语句等。本章的目的在于让初学者通过学习能够在了解 MATLAB 基本知识的同时，学会如何利用 MATLAB 进行初步编程求解问题，并通过一个问题的多种算法让读者能够将所学知识融会贯通，提高自己的程序思路搭建和程序框架设计的水平与能力。

1.1　MATLAB 功能介绍及工作界面

　　MATLAB 是一款集数学和图形于一体的编程软件，它具有数字化、图形化和编程的用户与机器交互的能力。该软件不仅提供了非常多的内置函数可供用户直接调用，同时还集成了丰富的、功能强大的各类工具箱，大大促进了软件使用的便利性和高效性。另外，除了软件的内部函数外，所有 MATLAB 的工具箱都是可修改的文件，用户可通过对工具箱程序源代码进行简单修改，从而形成适用于自己特有问题的新工具箱。

　　MATLAB 的主要功能包括，但不仅限于以下几部分：

1

1. 数据处理和分析；

2. 工程和科学绘图；

3. 数值和符号计算；

4. 数字信号处理；

5. 图像处理；

6. 控制系统设计与仿真；

7. 通信系统设计与仿真；

8. 财务与金融工程；

9. 各类优化分析。

MATLAB 的版本一直在不断更新当中，但其工作界面基本大同小异，如图 1-1 所示。本书以 MATLAB R2012b 版本为例，进行工作界面的说明。另外，除特别说明外，本书的所有代码均基于此版本进行编写，后续不再赘述。如果读者需要将程序代码应用于其他的 MATLAB 版本，通常不需要改变代码或者只需进行代码微调即可。

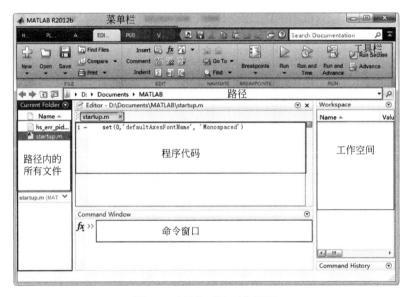

图 1-1　MATLAB 工作界面

与大多数流行的软件类似，MATLAB 软件的工作界面上方为菜单栏和工具栏；上面的输入框为工作路径，可直接设置路径；左侧上方为工作路径内的所有文件，该路径下的程序代码文件可通过双击直接打开；右侧上方为工作空间，显示程序运行后的所有变量名和内容；中间上方为代码文件内容，用户可直接在代码文件内进行编写和修改；中间下方为命令窗口，用户可在该命令窗口直接输入单行或多行代码，然后回车运行；左侧下方为文件细节，可展示文件的一些注释内容；右侧下方为历史命令，显示了历史运行的所有代码。需要注意，用户可根据自己的喜好对该工作界面进行自由排版。

用户可在命令窗口中输入代码，也可直接运行程序代码文件，程序代码文件的后缀为.m 格式。程序的代码不仅可以逐行运行，而且可以在工作空间中即时展示程序运行结果的变量，通过双击变量，可查看变量的详细内容。相对传统的 C 语言和 Fortran 语言，其有极大的便利性，即便与 Python 语言相比，也存在很大的优势。MATLAB 软件之所以广受众多科研工作者的喜爱，其最主要的原因就在于 MATLAB 具有的这个显著优势。

如果用户需要进行临时程序代码的编写，那么直接在命令窗口运行即可；如果用户需要运行的程序代码内容较多，包括多行代码，建议将所有的程序代码都放在一个 m 文件中，该 m 文件还可通过记事本打开和编辑，非常便利。程序代码文件用 MATLAB 打开后，点击【Run】图标按钮，或按快捷键 F5，即可运行该代码文件。与命令窗口运行代码相比，运行程序代码文件的优势在于，倘若遇到程序报错，可通过报错提示查看错误的原因以及错误所在的代码行，这样可以非常方便查找问题所在，同时也便于用户修改。如果用户需要运行程序代码文件中的若干行代码，选中对应的代码，然后按快捷键 F9 即可快速在命令窗口中运行。

在 MATLAB 工作界面菜单栏中的【APPS】选项内，集成了多个工具箱，可以找到对应功能工具箱点击打开，或在命令窗口输入相应代码调取。例如，用户如需使用数据拟合工具箱 Curve Fitting，可在命令窗口中输入 cftool 命令，即可弹出该工具箱的工作界面。

MATLAB 菜单栏中的【PLOTS】选项，集成了多种绘图功能。用户可选中工作空间中的变量，然后点击相应功能进行快捷绘图。当然，这种绘图的参数均采用了默认值，如果需要绘制更加精美的图片，则需自行编写程序代码完成绘图。

MATLAB 还提供了非常完整、全面的帮助系统，当用户不清楚函数用法时，可点击工作界面右上方的一个问号图标，进入【help】帮助系统界面，然后搜索函数进行查看。例如，用户想了解 mean 函数的含义，可在帮助系统内输入 mean 进行搜索。用户可找到对应函数的定义、参数输入、输出以及算例等，非常详细。

1.2　变量和赋值语句

在 MATLAB 软件中，使用变量存储值。在工作空间可以查看程序代码运行后的变量、变量类型以及变量对应的值。MATLAB 中变量赋值的方式如下：

＞＞variablename = expression

其中左侧的 variablename 为变量名，右侧的 expression 为表达式，这一点与流行的程序语言编程方式一致。

例如，用户想要利用 MATLAB 计算 2 和 3 之和，可在命令窗口中输入下面的代码：

＞＞a = 2+3

此时，软件会先计算右侧表达式的结果，其中符号"＋"表示加法。显然，右侧结果为 5。得到这个结果之后，软件会将结果赋值给左边的变量，即 a。最终，程序返回的结果为：

a =

　5

相应结果也可在右侧的工作空间内查看。此时，工作空间内有一个变量 a。双击该变量，查看变量的内容，其结果为 5，数据类型为 double，数据维度为 1×1。

这里有以下几点需要提醒 MATLAB 初学者：

1. 程序代码中的空格对于程序的运行结果不会有影响。如代码"a ＝ 2 ＋ 3"的运行结果和代码"a＝2＋3"的结果完全相同。在代码中适当添加空格，通常是为了将代码的部分分隔开来，这样可以方便用户读代码，当某个表达式很长的时候，用空格可以大大降低代码的阅读难度，这是一种良好的编程习惯。如果用户更习惯于代码的简化，那么也可以不用空格隔开。

2. 若程序代码最后添加一个英文字符下的分号，即"；"，那么程序的运行结果便不会在命令窗口中显示，但结果仍可在工作空间内进行查看。用户可自行对比代码"a ＝ 2 ＋ 3"和"a ＝ 2 ＋ 3；"运行之后命令窗口的区别。对于较长的程序代码 m 文件，通常在每行代码后面会添加分号，避免程序运行过程中在命令窗口展示过多内容，不利于识别程序运行结果。用户可仅根据个人需求针对部分代码行取消分号，这样方便代码运行后在命令窗口直接查看结果。

3. 多个代码可以写在同一行，以节约代码行数。如"a ＝ 2 ＋ 3；b ＝ 3 ＋ 5；"，其运行结果与分别运行代码"a ＝ 2 ＋ 3；"和代码"b ＝ 3 ＋ 5；"之后的效果完全相同。建议可将相同类型的赋值语句放在同一行，整体代码可显得更加简洁。但是，这种方式不利于代码行的注释。通常，为了便于编程者和其他人理解自己的程序，一般会在代码行末或代码行前面进行注释，解释代码行的功能。如果将多行代码放在同一行，这样代码的注释就不太方便。

4. 若程序代码中没有赋值语句，则运行结果会自动赋值给临时变量 ans。例如，只运行代码"2＋3"，运行后可在工作空间查看 ans 变量，其结果为 5。

1.2.1　变量名

MATLAB 中的变量使用很频繁，变量的命名需要满足一些基本要求，具体如下：

1. MATLAB 中的变量名开头必须是字母表中的字母，字母之后可以是字母、数字和下划线字符，但不能有空格。例如，*a*、*A _ 2*、*a2b* 为允许的变量名，*2a*、*2^a* 为不被允许的变量名。

2. MATLAB 中的变量名区分大小写。例如，*a _ 2* 和 *A _ 2* 是不同的变量名。

3. MATLAB 的变量名有长度限制，通常为 63。编者建议变量名的长度不要超过 20，否则不便于代码的编写和变量的读取。如果一个变量代表某个工作路径，则可以不考虑建议的长度限制。

4. 尽量避免使用和内置函数、关键词等相同的变量名，这样不利于代码的阅读。例如，mean、if 等应避免设置为变量名。

除此之外，变量的命名应当便于记忆，尽可能让其他用户读代码时不用看注释就能明白变量的含义。例如，最大高度，可以用 height _ max 作为变量名，如果采用 a 作为变量名显然无法直观表达变量的物理含义。

1.2.2　递增与递减

在 MATLAB 的循环语句中，经常要使用递增或递减语句，让变量遍历所有的值。类似的代码如下：

```
>> j = j +1
```

类似这种递增或递减的赋值语句，需先对变量进行初始化，如"j = 0"。程序会先计算右侧表达式的结果，其结果为 1，然后将其赋值给左侧的变量，即 j，由此完成变量的递增或递减。如果递增或递减的间隔不是 1，而是其他值，可直接修改等号右边的数字 1。

与递增赋值语句类似，递减赋值语句的代码如下：

```
>> j = j-1
```

1.2.3　常用运算符号

在 MATLAB 中，比较常用的运算符号包括四则运算和幂运算，其运算符号表示见表 1-1。运算优先级为括号>幂运算>乘法、除法>加法、减法。

常用运算符号　　　　　　　　　　　　　　　　　表 1-1

运算符号	含义
^	幂运算
*	乘法
/	除法
+	加法
−	减法

在后文中，经常会遇到类似".*"或"./"这样的符号，其含义为矩阵之间的元素一一对应相乘或相除。例如，变量 A 表示为 4×5 的矩阵，变量 B 也表示为 4×5 的矩阵，如果采用"A*B"的语句必然报错，因为不符合矩阵乘法的规则。若此时采用"A.*B"的语句，则返回的结果仍为 4×5 的矩阵，其中每个元素为 A 矩阵和 B 矩阵对应位置元素的乘积。这一点是初学者非常容易犯的错误，在这里进行提前预警，后续应用时也会再次强调说明。

1.3　数据类型

在 MATLAB 中，变量的数据类型有很多，这些类型称为类（class）。对于不同种类的数据，可采用对应的类型进行存储。

例如，对于浮点数或实数，即带小数点的数字，可用单精度（single）和双精度（double）数据类型进行表示。其中，double 存储的数字比 single 的大，但数据耗费的存储量也更大，double 类型是 MATLAB 默认的数据类型。对于整数类型，可采用 int8、int16、int32、int64 进行存储，其名称中的数字代表存储该类型所用的二进制位数。例如，类型 int8 用 8 个二进制位存储整数和其符号，1 个二进制位表示符号，剩余 7 个二进制位存储实际的二进制值，包括 0 和 1，对应数据范围为-128～+127。另外还有无符号整数类型，如 uint8、uint16、uint32、uint64。这种类型的符号位不存在，因此只能表示正数。如果没有特殊需要，也没有数据量的限制，建议统一采用默认的双精度 double 类型

5

即可。

char（字符）类型用于存储单个字符（如'a'）或字符串（如'abc'），它由顺序的字符组成，赋值时需要用单引号表示。例如，采用下面的语句进行字符串赋值：

$>>$ name1 = 'xyz'

$>>$ name2 = '张三'

logical（逻辑）类型用于存储逻辑判断结果，真（True）或假（False）。真命题对应 1，假命题对应 0。例如，采用下面的语句进行逻辑判断和赋值：

$>>$ a = 3 $>$ 2

右侧代码中的"$>$"表示逻辑运算符号"大于"。"3$>$2"这对应的是真命题，因此结果为 1，赋值给左侧的变量 a，所以最终 a 等于 1。

MATLAB 中主要的逻辑运算符号见表 1-2。

逻辑运算符号   表 1-2

逻辑运算符	含义
$>$	大于
$<$	小于
$>=$	大于或等于
$<=$	小于或等于
$==$	等于
$\sim=$	不等于

MATLAB 中常用的逻辑符号见表 1-3，这些逻辑符号经常被用于表达式中。其中"&"表示当两个表达式均为真命题时，结果为 1，否则结果为 0。"｜"表示两个表达式只要有一个为真命题，结果就为 1，否则结果为 0。

常用逻辑符号   表 1-3

运算符号	含义
&	与
｜	或

需要提醒读者，逻辑运算符号和逻辑符号可以进行组合应用，通过括号形成多条件的逻辑判断。例如，代码"（3$>$2）&（1$<$0）"，需要分别判断表达式"3$>$2"和"1$<$0"的真假，然后通过"与"逻辑符号进行判断，两个命题一真一假，因此最终结果为假命题，即为 0。

MATLAB 中数据的类型还包括复数（complex）、元胞数组（cell）、结构数组（structure）等，在后文中会结合案例进行详细阐述。

在编程过程中有时需要针对数据类型进行相互变换，MATLAB 中常用的数据类型转换函数见表 1-4。

常用数据类型转换函数　　　　　　　　　　　　　　　　　　　　　表 1-4

转换函数	含义
int	转换为整数型
double	转换为双精度类型
num2str	将数据类型转换为字符串类型
str2num	将字符串类型转换为双精度类型
cell2mat	将元胞数组转换为双精度类型

此外，在程序代码运行过程中，还可能产生一些特殊的数据，如 Inf、NaN 等。其中 Inf 表示无穷大，NaN 表示空值。

1.4　常用内置函数

MATLAB 中有丰富的内置函数，表 1-5 中列出了部分常用的内置函数，方便读者快速查找和使用。

常用内置函数　　　　　　　　　　　　　　　　　　　　　　　　　表 1-5

内置函数	功能	内置函数	功能
mean	平均值	std	标准差
sum	求和	abs	绝对值
max	最大值	min	最小值
sqrt	平方根	mod	取余数
floor	向下取整	ceil	向上取整
round	取整	roundn	精确到小数点位数
rand	均匀分布随机数	randn	高斯分布随机数
exp	指数函数	log	对数函数
sin	正弦,弧度制	cos	余弦,弧度制
tan	正切,弧度制	cot	余切,弧度制
sind	正弦,角度制	cosd	正弦,角度制
tand	正切,角度制	cotd	余切,角度制
real	复数的实部	imag	复数的虚部

1.5　实践：求和计算的多种算法实现

了解以上关于 MATLAB 的入门知识之后，下面开始工程应用实战演练。为保证读者能快速入门，本节设计了几个比较简单的求和计算算例，阐述实现相同目标的多种算法，帮助读者巩固和拓展所学知识，同时掌握新的编程知识。在算例的代码阐述过程中，对于涉及的编程新知识点会进行详细补充。

【例 1-1】 计算求和 $\sum\limits_{i=1}^{100} i$ ？

对于【例 1-1】的求和问题，共设计了 6 种求解方法，包括等差序列求和公式、for 循环求和、while 循环求和、数组函数求和、直接函数求和以及直接函数求和代码简化。

方法 1：等差序列求和公式

代码如下：

```
Sn = (1 + 100) * 100/2;
```

代码解读：

代码的运算结果为 5050。由于问题较简单，可利用等差序列的求和公式计算得出其解析解。但这种方法只能用于具有解析解的简单问题，也可用于其他算法的验证，对于更复杂的问题需要用到数值计算的方法。

方法 2：for 循环求和

代码如下：

```
Sn = 0；% 初始化
for i = 1:100
    Sn = Sn + i;
end
```

知识点：for 循环、注释符号%

代码解读：

利用 MATLAB 循环语句中的 for 循环进行循环求和。先进行变量初始化，第 1 行代码中的 "%" 是注释符号，其后面的代码程序不会运行，主要用于代码的功能性注释。然后进行循环，其中 $i=1$：100 表示变量 i 从 1 取值到 100，间隔为 1。每次循环，都对变量 Sn 进行递增计算，如此循环到 $i=100$ 后，Sn 的结果即为 $1+2+\cdots\cdots+100$。最后的 end 是和 for 循环语句对应的，标志 for 循环结束。for 循环语句的格式如下：

```
for 循环语句
    代码……
end
```

方法 2 的计算思路与传统 C 语言等计算方式一致，比较容易理解，但整体而言代码看上去比较复杂。

方法 3：while 循环求和

代码如下：

```
Sn = 0；i = 0;
while i<100
    i = i + 1;
    Sn = Sn + i;
end
```

知识点：while 循环

代码解读：

利用 MATLAB 循环语句中的 while 循环进行循环求和，原理与 for 循环比较类似。但由于 for 循环的每次循环会自动对变量体 i 进行递增，而 while 循环则是通过条件来控制循环的进行和跳出，因此 while 循环语句内还需对自变量 i 进行递增运算。当 i 变成 99 时，仍满足"$i<100$"的条件，程序进行，$i=100$，$Sn=1+2+\cdots\cdots+100$；然后进入下一次循环，此时"$i<100$"的条件不再满足，程序跳出。因此，Sn 的最终计算结果为 5050。

while 循环语句的格式如下：

while 条件

  代码…

end

当满足条件时，循环将一直进行，直到条件不满足。因此，如果程序代码设计不合理或错误，很容易导致形成死循环，此时程序将一直运行，而且不会报错。初学者在编程时应当尽量避免使用 while 循环，即便使用，也必须仔细检查循环语句中能否满足让循环跳出的条件。

方法 4：数组函数求和

代码如下：

```
for i = 1:100
    An(i) = i;
end
Sn = sum(An);  % 求和函数 sum
```

知识点：数组的概念、内置求和函数 sum

代码解读：

本方法是对方法 2 的一种改进，通过 for 循环生成 1 到 100 共 100 个数，并命名为变量 An，其维度为 1×100，然后调用 MATLAB 内置函数 sum 对数组 An 进行求和。这里补充一下，MATLAB 默认采用行数组的形式进行存储，如果本例将 for 循环的代码改为"$An（i，1）=i;$"，则 An 为列数组，程序的运行结果不变，因为求和函数 sum 对行数组和列数组的计算结果一致。

方法 5：直接函数求和

代码如下：

```
An = [1:100];
Sn = sum(An);
```

知识点：数组的快速构造

代码解读：

本方法是对方法 4 的一种改进，利用 [1：100] 命令可快速构造形成数组 An，然后利用 sum 函数进行求和。显然，本方法比方法 4 简便得多。

针对这种数组构造方法，有以下几点需要补充说明：

（1）冒号符号"："表示按间隔进行取值，默认间隔为 1，因此若运行代码 [100：1]

无效，因为冒号后面的 1 比 100 要小。另外，冒号两边的值可以不是整数，如 [0.5：9.5]，则生成由 0.5 开始到 9.5 结束且间隔为 1 的行数组。

（2）间隔取为其他值也可以。例如，间隔为 2，则为 [1：2：100]。当然，间隔取为小数也可以，如 [1：0.5：10]。

（3）此处的中括号 "[]" 对结果没有影响，去掉也可以，只是一种习惯，可以方便数组运算或转置。例如，如果想形成 100×1 的列数组，则运行 "[1：100]'" 即可，其中的单引号 "'" 含义为对矩阵取转置。

（4）间隔取为负值也可以。例如，代码 [100：-2：1]，表示取值为从 100 到 1，间隔为 -2。

方法 6：方法 5 的改进

代码如下：

```
Sn = sum([1:100]);
```

知识点：程序代码简化思路

代码解读：

本方法是对方法 5 的一种改进，跳过对数组 An 的定义，直接进行求和。这种方法虽然比方法 5 更加简单，但是不建议初学者使用，因为程序过于简单，一旦代码出现了问题，反而不利于 bug 的排查。而方法 5 相对而言既简单又容易排查错误，编者建议初学者在编程时多采用类似方法 5 的方式。

以上程序代码既可以通过在命令窗口中进行，也可以将代码保存到 m 文件中，然后运行 m 文件实现。

掌握了以上几种编程方法后，进行下面的练习，帮助知识点的巩固和扩展。

【例 1-2】计算求和 $\sum_{i=1}^{10}(2 \times 0.5^i)$？$\sum_{i=1}^{\infty}(2 \times 0.5^i)$？

代码如下：

```
An = 2 * 0.5.^[1:10];
Sn = sum(An);
```

知识点：数组的快速构造、点乘方

代码解读：

本方法是对【例 1-1】方法 5 的扩展，先快速构造数组，然后对数组进行求和，程序运行结果为 1.998。这里需要特别注意 ".^" 这个操作，这样是为了让乘方运算对每一个 0.5 都进行，如果去掉点符号，程序会报错。在以后的编程中，要特别注意灵活运用点乘方、点乘、点除等操作。

若求和项数为无穷时，可用等比数列求和解析解进行计算，其结果为 2。对于计算机，显然无法计算无穷项，但可以用足够多的项数来近似，这便是数值计算的核心思想。例如，设置项数为 1e4，表示 1×10^4 项，然后进行近似求和，代码如下：

```
N = 1e4;
An = 2 * 0.5.^([1:N]);
Sn = sum(An);
```

知识点：数值近似思想

【例 1-3】计算求和 $\int_0^\pi \sin(x)\mathrm{d}x$ ？

方法 1：解析解

根据解析解，该结果为 2。

方法 2：数值离散求和

代码如下：

```
N = 1e4;
dx = pi/N;
AREA = 0;
for i = 1:N
    xi = dx * (i-1);
    AREA(i) = dx * sin(xi);
end
Fn = sum(AREA);
```

知识点：数值离散思维

代码解读：

本方法是对数值离散思维的一种应用，将积分划分为若干个矩形的面积求和，其中 pi 是 MATLAB 内置常数，表示圆周率 π。划分的份数 N 越多，计算结果与真实值越接近。

方法 3：方法 2 简化

代码如下：

```
N = 1e4;dx = pi/N;
AREA = dx * sin(dx * [0:N-1]);
Fn = sum(AREA);
```

代码解读：

本方法是方法 2 的一种简化，利用数组的快速构造方法，使得代码更加清晰、易读。

方法 4：内置定积分函数

代码如下：

```
syms x;
Fn = int(sin(x),0,pi);
vpa(Fn)
```

知识点：符号变量 syms、定积分函数 int、vpa 函数

代码解读：

采用 MATLAB 内置的定积分函数 int，对目标函数进行求解。先利用 syms 命令定义自变量 x，类型为符号变量，然后利用内置的 int 函数计算函数的定积分，函数为 sin（x），积分上限为 0，积分下限为 pi，计算结果用 vpa 函数转换为双精度 double 数据类型，其结果为 2。与其他方法相比，该程序的运行耗时较长。

MATLAB 中还有其他数值分析相关的函数，例如线性方程组求解函数 solve、非线性方程求解函数 fsolve、常微分方程数值求解函数 ode45、差分函数 diff、梯度函数 gradient、特征值求解函数 eig、cholesky 分解函数 chol 等。用户可根据需求自行挖掘。

【例 1-4】根据如下公式计算 π 值：

$$\frac{\pi^2}{6} = \sum_{n=1}^{\infty} \frac{1}{n^2} = \frac{1}{1^2} + \frac{1}{2^2} + \frac{1}{3^2} + \cdots\cdots + \frac{1}{n^2} \tag{1-1}$$

代码如下：

```
N = 1e4;
An = 1. /([1:N].^2);
PI = sqrt(sum(An) * 6);
err = abs(PI-pi)
```

知识点：点除

代码解读：

首先确定求和的项数 N，N 越大，计算得到的值越接近真实的 π 值。然后利用点除方式快速构造数组，进行求和，根据公式结合 MATLAB 内置的平方根函数 sqrt 和绝对值函数 abs 计算 π 值。最后，对比计算值与真实 π 值的绝对误差。当 N=1e4 时，误差为 9.5e-5；当 N=1e5 时，误差为 9.5e-6；当 N=1e8 时，误差为 9.5e-9。显然，误差随 N 的增大而减小。那么，如何计算误差随 N 取值的变化趋势呢？相关代码如下：

```
N = 1e4;Err = [];xi = [];
for i = 1e2:1e2:N
    An = 1. /([1:i].^2);
    PI = sqrt(sum(An) * 6);
    xi = [xi;i];
    Err = [Err;abs(PI-pi)];
end
figure;
plot(xi,Err,'.-k');
xlabel('步数');ylabel('绝对误差');
title('误差随步数变化曲线');
```

知识点：数组合并

代码解读：

首先，进行变量的初始化，步数最大取 1e4，用变量 xi 记录所取的迭代步，变量 Err 记录迭代步 xi 对应的绝对误差，然后进行循环计算。注意这里的迭代步的间隔并非取值为 1，而是 1e2，这是为了方便图片的绘制，让数据点显示得更加醒目。循环内，记录每个迭代步，将其存储到 xi 变量中，存储方式用 xi=[xi;i] 实现，其中右侧中括号里面的分号表示换行，由此得到的 xi 便是一个列数组，若代码为 xi=[xi,i]，则得到的 xi 是一个行数组。接着，计算每个迭代步对应的误差，存储到 Err 变量中，存储方式同 xi 变量。最后，利用后面的绘图命令 plot 绘制误差 Err 随迭代步 xi 变化的曲线，如图 1-2 所示。此部分程序代码中的绘图命令将在后续章节展开详细阐述，此处不作解释。根据该图可非常直观地看出，圆周率的计算误差随迭代步数的增加而减小。

【例 1-4】提供了一种通过级数求和的方式来计算圆周率值。事实上，还有非常多的级

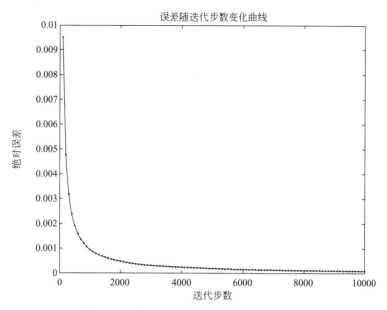

图 1-2　【例 1-4】误差随迭代步数变化曲线

数求和方法可以用于计算 π 值，如式（1-2）～式（1-4）所示。感兴趣的读者可以尝试通过以下的级数求和的方式来逼近圆周率 π 值，并且可以对比以下哪种级数求和逼近更快。

$$\frac{\pi}{4} = \frac{1}{1} - \frac{1}{3} + \frac{1}{5} - \frac{1}{7} + \cdots\cdots \tag{1-2}$$

$$\pi = 3 + \frac{4}{2 \times 3 \times 4} - \frac{4}{4 \times 5 \times 6} + \frac{4}{6 \times 7 \times 8} - \cdots\cdots \tag{1-3}$$

$$\pi = \sum_{n=0}^{\infty} \frac{1}{16^n} \left(\frac{4}{8n+1} - \frac{2}{8n+4} - \frac{1}{8n+5} - \frac{1}{8n+6} \right) \tag{1-4}$$

1.6　本章小结

本章介绍了 MATLAB 的入门知识，并分析了几个求和计算的实践案例，通过多种算法的编程实现，帮助读者巩固和扩展所学的基本知识，具体包含以下几方面的内容：

1 MATLAB 的功能性介绍、工作界面简介以及帮助系统。

2 MATLAB 的变量命名规则、赋值语句、快速赋值语句以及常用的基本运算符号、数据类型转换函数。

3 MATLAB 的常用数据类型，包括浮点数、整数、字符串、逻辑运算符号、逻辑符号。

4 MATLAB 的常用内置函数。

5 求和计算的多个算例及多种算法的实现，涉及知识点包括 for 循环、注释符号%、while 循环、数组的概念、内置求和函数 sum、数组的快速构造、程序代码简化思路、点乘方、数值近似思想、数值离散思维、符号变量 syms、定积分函数 int、vpa 函数、点除、数组合并等。

编者希望初学者在学习完本章节的内容之后，能够快速掌握 MATLAB 的入门知识，战胜对于编程的恐惧，体会到多种算法实现在思考过程中的乐趣，为后面的 MATLAB 编程知识学习奠定良好的基础。

第2章 矩阵运算、函数定义与文件读写

本章主要介绍利用 MATLAB 软件进行数据分析中涉及的一些功能，包括矩阵运算、自定义函数、文件读写等。各功能均设计了相应的实战练习案例，帮助读者快速掌握数据计算和分析中的一些基本用法。

2.1 矩阵运算

矩阵是 MATLAB 软件中的核心，在 MATLAB 编写的内容绝大部分都涉及矩阵的概念。例如，第1章中的求和计算多种算法实现实践案例中用到的行数组和列数组，是矩阵的特殊形式，也可称之为向量。本节主要介绍与 MATLAB 中矩阵运算相关的基本知识，并结合一个科目不及格率计算的算例帮助读者加深对矩阵运算的理解。

2.1.1 矩阵构造

矩阵内存储的值必须是同一类型的数，可以被形象化为一个表的值。对于一个常用的二维矩阵，其维数可记为 $r \times c$，其中 r 表示矩阵的行数，c 表示矩阵的列数。例如，【例 1-2】中的数组 An，通过下面代码生成：

```
>>An = 2 * 0.5.^[1:10];
```

得到的便是一个行数组，也是维度为 1×10 的矩阵。若对其进行转置，通过"An = An'"代码方式生成，则 An 变成了一个列数组，也是维度为 10×1 的矩阵。

生成矩阵的方式有多种，主要包括直接构造、函数构造以及矩阵合并这几类。直接构造是直接写出矩阵的所有元素，然后赋值给矩阵变量。比如，可通过下面的代码生成一个三阶魔方矩阵：

```
>> A = [8,1,6;3,5,7;4,9,2]
```

代码的运行结果为：

```
A =
   8   1   6
```

```
3  5  7
4  9  2
```

代码中的逗号","表示数据在同一行生成，也可用空格来替代。例如，代码 A＝[8 1 6；3 5 7；4 9 2]的效果与上面的代码完全相同。分号"；"表示数据进行换行存储，在下一列生成。这种生成矩阵的方式比较直接，但当矩阵维数较高时，代码书写会非常复杂，此时可借用一些函数来进行生成。如上述的魔方矩阵即可利用 magic 函数生成，通过代码 magic（3）即可生成三阶魔方矩阵。常用的矩阵生成函数见表 2-1。

常用矩阵生成函数 表 2-1

矩阵生成函数	含义
linspace	生成等间距一维矩阵
logspace	生成对数等间距一维矩阵
zeros	生成全为 0 的矩阵
ones	生成全为 1 的矩阵
repmat	将元素或矩阵复制生成矩阵
eye	生成单位矩阵
rand	生成服从均匀分布的矩阵
randn	生成服从高斯分布的矩阵
randi	生成均匀分布随机整数矩阵

这些函数的功能和使用方法可在帮助系统中进行搜索，此处以 repmat 函数为例进行用法说明。运行下面的代码：

```
>> repmat(2,5,6)
```

代码功能为将对象元素 2 进行复制，复制生成 5 行 6 列的矩阵。repmat 也可对矩阵进行复制，如下：

```
>> repmat(magic(3),5,6)
```

代码的功能为将三阶魔方矩阵复制 5 行 6 列，由于三阶魔方矩阵本身维度为 3×3，因此生成的矩阵维度为 15×18。

通过矩阵合并的方式统一可以生成新的矩阵，例如：

```
>> A = [magic(3);linspace(1,5,2),2]
```

代码中的 magic（3）和 linspace（1，5，2）可以视为已有的矩阵，通过中括号里面的逗号和分号，可以进行矩阵合并，生成目标矩阵。此代码仅为说明功能，生成的矩阵 A 的维度为 4×3，没有实际的含义。

在进行矩阵初始化时，有时会需要构造一个没有维度的空矩阵，可利用"［］"来实现。例如，代码 A＝［］表示 A 是一个空矩阵，没有维度。

以上矩阵仅限于二维矩阵，实际上 MATLAB 还支持三维矩阵，即张量。三维矩阵变量在三维数据处理和卷积神经网络等领域中应用较广。例如，利用代码 zeros（3，4，2）可生成一个维度为 $3\times4\times2$ 的元素全为零的三维矩阵。由于三维矩阵在本书案例中没有涉及，而且通常仅在特定的领域中才会使用，因此本书对此不进行详细阐述，读者如对三维矩阵有兴趣可自行查阅资料。

2.1.2　矩阵元素调取

矩阵生成之后，通常还需要调取矩阵内指定的元素，这涉及矩阵维度的知识点。在 MATLAB 软件中，可利用 size 函数或 length 函数获取矩阵的维度。size（变量名，1）表示矩阵对应的行数，size（变量名，2）表示矩阵对应的列数，size（变量名）则同时返回矩阵的行数和列数。length（变量名）返回矩阵的行数和列数中较大的那个值。在调取矩阵的元素时，指标自然不能超出矩阵的维度，否则程序将报错。

例如，利用代码 A＝magic（3）生成 3×3 的三阶魔方矩阵后，可利用 A（1，3）返回矩阵 A 的第 1 行、第 3 列对应的元素，其结果为 6。对此，有以下几点关于矩阵元素调取的扩展内容需要进行补充说明：

1. 用户可通过多个指标，同时返回矩阵中多个值。例如，代码 A（:，3）表示返回矩阵 A 的所有行、第 3 列的结果，为一个 3×1 的列矩阵；代码 A（3，:）表示返回矩阵 A 的第 3 行、所有列的结果，为一个 1×3 的行矩阵。

2. 代码 A（1:2，3）表示返回矩阵 A 的第 1~2 行、第 3 列的结果，为一个 2×1 的列矩阵。

3. 代码 A（[1 3]，3）表示返回矩阵 A 的第 1 行和第 3 行对应的第 3 列的结果，同样为一个 2×1 的列矩阵，这样的方式可以调取矩阵中不连续序号对应的矩阵元素。

4. 代码 A（1: end-1，3）表示返回矩阵 A 的第 1 行到倒数第 2 行对应的第 3 列的结果，其中 end 表示最后的行或列，返回结果为一个 2×1 的列矩阵。

5. 代码 A（1:2，2:3）表示返回矩阵 A 的第 1~2 行、第 2~3 列的结果，为一个 2×2 的矩阵。

6. 矩阵还可以用一个一维指标进行元素调取。矩阵一维指标排序方式为第 1 列从上往下排序，然后第 2 列从上往下，以此类推。例如，A（4）对应的是矩阵 A（1，2）的结果，A（8）对应的是 A（2，3）的结果。由于 MATLAB 中矩阵存储顺序为按列排序，因此建议数据处理时尽量用列向量。当数据量非常庞大时，列向量比行向量的计算效率更高。

利用 numel 函数可获取矩阵所有元素的个数，当矩阵为行矩阵或列矩阵时，返回的结果与 length 函数的结果相同。另外，MATLAB 还有几个内置函数可以改变矩阵的维数或配置，如 reshape、fliplr、flipud 和 rot90 等函数，后续在用到对应函数时会详细展开说明。

2.1.3　矩阵计算

矩阵的计算通常包括加减乘除等，这与线性代数完全一致。例如，代码 A＋B，需保证矩阵 A 和 B 的维数完全一样，或其中有一个是标量（即维度为 1×1）。代码 A＊B，则需保证矩阵 A 的列数和矩阵 B 的行数一致，否则程序报错。

关于矩阵的除法需要特别注意：（1）代码 A\B，表示结果为线性方程 Ax＝B 的解；（2）代码 A/B，表示结果为方程 xA＝B 的解；（3）代码 A\B 等价于 A 的逆矩阵乘以矩阵 B，也可表示为代码 A^-1＊B，或代码 inv（A）＊B。

此外，正如前文所提到的，在矩阵运算中经常会遇到类似"．＊"或"．／"这样的符号，其含义为矩阵之间的元素一一对应相乘或相除。例如，采用"A．＊B"或"A．／B"的语句，要求矩阵 A 和 B 的维度必须完全一致，返回的结果维度也与之相同。这一点需要和一般的乘法和除法区分开，是初学者比较容易犯的错误。

2.1.4 实践：科目不及格率计算

了解了 MATLAB 的矩阵运算相关知识后，下面开始进行实战演练，帮助读者快速掌握矩阵构造、矩阵运算的相关知识点。

【例 2-1】假设某个班级的总人数为 40 人，考试科目有语文、数学和英语共 3 门。考试过后已统计了每个人每门科目的成绩，如何计算每门科目的不及格率（各科目的考试数据可利用随机整数函数 randi 随机生成）？

代码如下：

```
clear；%清除工作空间变量
Nperson = 40;Nsubject = 3；%参数定义
score = randi([40,100],Nperson,Nsubject)；%生成随机成绩
for i = 1:Nsubject
    aa = find(score(:,i)<60)；%find 函数查找不及格的位置
    temp = length(aa)/Nperson * 100；%计算不及格率
    Rate_failure(i) = roundn(temp,-1)；%保存不及格率,保留一位小数点
end
```

知识点：清除变量函数 clear、随机整数函数 randi、查找函数 find、小数点精确函数 roundn

代码解读：

本次的运行结果：三门课程的不及格率分别为 27.5％、30.0％和 32.5％。由于代码中的各科目成绩为随机生成，因此读者每次运行的结果会存在差异。

代码首先利用 clear 函数将工作空间的所有变量清除。编者建议所有的程序代码第一行都将这个命令加上，这样可以避免工作空间中的历史变量未清除导致代码出错或结果错误。如果只需要清除指定变量，则用如下代码方式实现：

＞＞clear 变量名1 变量名2 变量名3

另外，还可以用命令 clear all 清除所有变量。代码 clear 和代码 clear all 的区别在于：clear 命令清除不了全局变量 global，只能清除普通变量；clear all 可以清除所有的变量，包括全局变量。关于全局变量的定义和使用，在后续章节中会进行讲解。

然后，定义程序的关键参数，包括班级人数 Nperson 为 40、科目数 Nsubject 为 3。接着，生成每个人每门科目对应的考试成绩。如果有实际考试成绩可采用真实数据替代，这里为了方便采用 randi 随机整数函数生成 40 分至 100 分之间的随机矩阵，矩阵维度为 40×3。需要注意的是，这里生成的是服从均匀分布的随机整数，真实的成绩应当是满足高斯分布的。读者可以思考一下如何利用高斯随机分布函数 randn 生成服从高斯分布且满足分数区间限制的随机整数作为每个科目各个学生的分数。

最后，利用 for 循环计算每门科目的不及格率，保存到变量 Rate_failure 中。对于第

i 个科目，利用 find 命令查找其中成绩小于 60 分的位置，赋值给临时变量 aa。MATLAB 中查找函数 find 的应用非常广泛而且高效，通过结合运算符号、逻辑符号、逻辑判断符号等，可以实现任意复杂的条件搜索功能。查找函数 find 的使用方式如下：

>>find(矩阵变量的搜索条件)

该命令可搜索指定的矩阵变量中满足条件的所有元素所在的一维排序序号。例如，代码 find（A>2）可查找矩阵 A 中大于 2 的元素所在的一维序号，代码 find（（A>2）&（B<3））可查找同时满足矩阵 A 中大于 2 且矩阵 B 中小于 3 的元素所在一维序号，这里要求矩阵 A 和 B 维度完全相同。这种搜索方式的效率远远高于循环语句。

本例中，临时变量 aa 实际上记录了第 i 门课程的不及格学生对应原 40 人中的所在行，因此利用长度函数 length（aa）即可获得第 i 门课程的不及格人数。将不及格人数除以总人数再乘以 100%，即可获得第 i 门课程的不及格率，将其赋值给临时变量 temp。为了保证数据的美观性和一致性，对不及格率精确到小数点后一位数，利用内置函数 roundn 实现，并将最终结果存储到变量 Rate_failure 中的第 i 个元素。

所有循环运行之后，Rate_failure 的维度为 1×3，记录了每门课程的不及格率，精确到了小数点后一位数。本程序的核心在于活用 find 函数，大幅提高代码的运行效率。

2.2　自定义函数

在程序编写的过程中，为了保证程序的可读性和便利性，用户通常需要进行自定义函数的编写。函数自定义可简单分为两种，一种是通过符号变量 syms 进行定义，一种是通过 function 函数建立 m 文件方式输入和输出参数。前者适用于描述具有解析表达式的函数，后者适用于任意函数，MATLAB 中的内置函数和工具箱均采用了 function 函数的方式进行定义。本节通过两个实践案例详细阐述这两种函数的自定义方法。

2.2.1　自定义函数规则

MATLAB 中通过符号变量 syms 自定义函数的方式如下：

syms 函数名；

函数名＝@（自变量）函数表达式；

其中，自变量可以是一维以上，甚至可以包含多个不同维度的变量。但是，函数表达式中的自变量符号需与括号中的自变量保持一致，通过直接代入自变量的方式，即可获取自变量对应的函数值。例如，代码 fx=@（x，y）2 * x+y，即定义了二维函数 f（x，y）＝ 2x+y，利用 f（1，2）则可计算 x＝1 且 y＝2 的函数值，这种方式与数学中的表达习惯完全相同。注意，当计算自变量的函数值时，自变量不仅可以使用常数，也可使用列矩阵和行矩阵，甚至可使用矩阵，但需要保证输入的自变量维度相同，且原函数自定义时，利用了点乘或点除的方式。

例如，用户如果需要定义函数 f（x，y）＝$2x^2$+y+xy，那么可以用代码 fx=@（x，y）2 * x.^2+y+x. * y 来实现。这时输入的自变量 x 和 y 可以是相同维度的矩阵。如果代码书写时漏写了点符号"."，那么输入矩阵自变量时则会报错，因为那样不满足矩阵乘法的运算规律。这一点需要初学者特别留意。

第 2 种自定义函数方式为 function 函数定义。通过 function 函数建立 m 文件自定义函数的方式如下：

function 输出变量 = 函数名(输入变量)

　　　核心代码……

function[输出变量 1,输出变量 2,……] = 函数名(输入变量 1,输入变量 2,……)

　　　核心代码…

建立的 m 文件命名与函数名一致，输入变量可以是 1 个，也可以是多个，变量的维度可以不同。类似的，输出变量可以是 1 个或多个，也可以不设置输出变量。自定义函数核心代码中的未知变量必须可以从输入变量中获取，或在核心代码内自定义，否则函数将报错。在函数核心代码内，不仅可以添加绘图命令，而且可以嵌套别的自定义函数，还可以读写数据文件等，功能非常强大。

2.2.2　实践：分段函数自定义

本节以符号函数 syms 为理论基础设计了分段函数自定义的实战案例。

【例 2-2】定义下面的分段函数：

$$f(x) = \begin{cases} x, & x \geqslant 0 \\ -2x, & x < 0 \end{cases}$$

代码如下：

```
clear all;close all; % 清除变量、关闭窗口
syms fx; % 申明符号函数
fx = @(x) x. * (x> = 0) + (-2 * x). * (x<0)； % 定义符号函数
x0 = linspace(-4,4,101)'; % 设置绘图自变量范围,列向量
f0 = fx(x0)； % 函数值
plot(x0,f0,'-k')； % 绘图
xlabel('x');ylabel('f(x)')； % 设置坐标轴名称
```

知识点：清除窗口函数 close、syms 函数自定义、逻辑判断高级应用、线性分段函数 linspace

代码解读：

程序的运行结果如图 2-1 所示，直观地展示了自定义的分段函数。下面详细解读程序的代码和设计思路。首先，清除变量和所有绘图窗口，其中 close all 作用为清除所有绘图窗口，这样操作可避免程序多次运行导致绘图窗口堆积过多，而且当开启的图片窗口过多时，手动关闭绘图窗口非常繁琐。其次，自定义函数名 fx。利用逻辑判断实现分段函数，当 x≥0 时，逻辑判断（x>=0）的结果为真命题，为 1，而（x<0）为假命题，为 0，因此函数效果为 fx＝x；而当 x<0 时，则反过来，前者为假命题，后者为真命题，因此函数效果为 fx＝－2x，由此实现了分段函数的自定义。这种利用逻辑判断定义分段函数的方式，可以避免使用 if 判断，既能缩短程序代码量，又能改善代码的可读性，还能提高代码的运行效率。

函数自定义后，通过 fx（自变量取值）即可获取自变量对应的函数值。为直观展示，

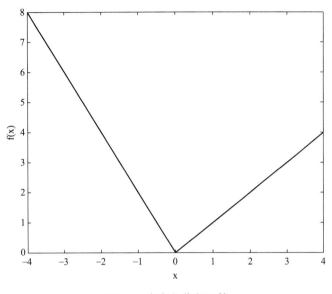

图 2-1　自定义分段函数

此处取自变量 x0 为 [-4，4] 区间内的 101 个点，即等分为 100 份，x0 对应的函数值为 fx（x0），利用 plot 绘图命令展示分段函数 fx 随自变量 x 的变化规律。关于绘图命令的介绍可详见第 3 章。

2.2.3　实践：资金等值换算公式自定义

在工程经济学中，经常需要使用资金等值换算的 6 个基本公式，见表 2-2。这 6 个公式均具有两个关键输入参数——利率 i 和计算期数 n，区别在于不同公式的内容不同，因此需要根据输入参数确定选择的对应公式。本节利用资金等值换算公式自定义来详细阐述 function 自定义函数的方法，读者无需理解公式本身的含义，只需掌握根据输入参数进行判断的自定义函数方法即可。

资金等值换算的基本公式　　　　　　　　　　　　　　　　　　表 2-2

公式	表达式
公式 1：一次支付终值公式	$F_n = P(F/P, i, n) = P(1+i)^n$
公式 2：一次支付现值公式	$P = F_n(P/F, i, n) = F_n(1+i)^{-n}$
公式 3：等额支付系列年金终值公式	$F_n = A(F/A, i, n) = A \dfrac{(1+i)^n - 1}{i}$
公式 4：等额支付系列积累基金公式	$A = F_n(A/F, i, n) = F_n \dfrac{i}{(1+i)^n - 1}$
公式 5：等额支付系列资金回收公式	$A = P(A/P, i, n) = P \dfrac{i(1+i)^n}{(1+i)^n - 1}$
公式 6：等额支付系列年金现值公式	$P = A(P/A, i, n) = A \dfrac{(1+i)^n - 1}{i(1+i)^n}$

【例 2-3】 实现资金等值换算 6 个基本公式的自定义函数。

代码如下：

```
function coef = economy_coef(input,i,n)
% input:公式类别,包括'F/P','P/F','F/A','A/F','A/P','P/A'
% i:年利率
% n:计算年数,可以是一维数组
% coef:换算系数
switch input  % 判断 input 变量属于哪种情况
    case 'F/P'  % 对应情况用 case 表示,逐行依次进行判定
        coef = (1 + i).^n;
    case 'P/F'
        coef = (1 + i).^(-n);
    case 'F/A'
        coef = ((1 + i).^n-1)./i;
    case 'A/F'
        coef = i./((1 + i).^n-1);
    case 'A/P'
        coef = i.*(1 + i).^n./((1 + i).^n-1);
    case 'P/A'
        coef = ((1 + i).^n-1)./(i.*(1 + i).^n);
    otherwise
        fprintf('Input error! \n');  % 如果 input 都不满足,则在屏幕中输出报错
提示
    end
coef = roundn(coef,-4);  % 精确到小数点后四位数
```

知识点：自定义 function 函数、switch 判断语句、打印函数 fprintf

代码解读：

自定义资金等值换算函数命名为 economy_coef,并保存为 economy_coef.m 文件。函数输入参数包括 3 个：input、i 和 n。其中 input 是字符串,对应 6 个换算公式,分别为'F/P'、'P/F'、'F/A'、'A/F'、'A/P'、'P/A'。例如,input 若为'P/F',则调用的是已知 F 求 P 对应的等值换算系数计算公式,系数为 $(1+i)^{-n}$,其中 i 和 n 分别表示计算期内的利率和计算期数。输出的变量为 coef,含义为资金等值换算系数。简而言之,函数功能为指定利率和计算期数,根据需求调用对应的资金等值换算公式,确定换算系数。

程序代码中利用 switch 判断语句,判断输入的 input 对应的资金等值换算公式。switch 语句的使用格式如下：

```
switch 变量
    case 第 1 种情况
        代码 1
    case 第 2 种情况
```

```
        代码 2
   ......
otherwise
        代码 n
end
```

本例中，为考虑程序代码的逻辑完整性，除 6 种既定的 input 情况外，还考虑了用户书写错误的情况。当用户输入的 input 不是 6 个等值换算公式的任何一个时，此时将在命令窗口中提供报错信息 "Input error!"。这一功能利用打印函数 fprintf 实现，该函数可在指定对象中写入内容，写入内容既可包含字符串，又可包含变量，写入的对象包括屏幕和文件等。本例中 fprintf 函数内的 "\ n" 为换行符号，表示在输出该报错信息后，光标自动移动到下一行，这样能保证程序运行后命令窗口的美观性。当打印函数 fprintf 的输出对象为文件时，需要指定一个指向文件对象的指针变量，后面再紧跟着输出的内容，这一部分涉及文件的读取与写入，将在下一节中详细阐述。

为了使用和对比方便，利用 roundn 函数将资金等值换算系数精确到小数点后第 4 位。最终，将程序计算得到的结果赋值给变量 coef，并设置为自定义函数的输出变量。

在调用 function 自定义函数时，必须将软件的工作路径设置在该函数所在路径，或将该自定义函数的路径添加到 MATLAB 的默认路径中。对于使用不太频繁的自定义函数，建议采用前者，保证程序运行时调用的自定义函数均在相同路径下。如果自定义的函数使用较为频繁，如自定义的支持向量机函数包，则可永久添加函数到 MATLAB 的默认工作路径下，添加方式如下：【Home】-【Set Path】-【Add Folder】或【Add with Subfolders】，然后选中自定义函数所在的文件夹即可。

这里简单介绍一下这个资金等值换算公式自定义函数的用法。假设存入银行本金为 100 万元，按年计息，年有效利率为 4%，问银行存 5 年后本利之和是多少？这个问题可以采用第 1 个基本换算公式，根据本金 P 求本利之和 F_n，运行的代码如下：

>>100 * economy_coef('F/P',0.04,5)

结果为 121.67，表示 100 万元经过 5 年之后最终变成了 121.67 万元，利息为 21.67 万元。

再比如，假设某人向银行贷款 50 万元，年名义利率为 5.6%，按月计息，则月有效利率为 0.47%，若贷款选择 10 年还款，则每个月的月供可通过如下代码进行计算：

>>50 * economy_coef('A/P',0.0047,120)

代码的运行结果为 5450 元，即每月应还款 5450 元。显然，当大量计算需用到这 6 个资金等值换算基本公式时，采用函数自定义的方式可大大改善代码编写和阅读的便捷性，同时提高程序代码的运行速度。

2.3 文件读取与写入

截至目前为止，本书程序中所使用的外部数据都是来自键盘输入或软件随机生成，程序运行期间的输出数据都输出到显示终端，程序处理数据都在内存中进行，一旦程序运行结束，所有数据都会消失。这种数据处理的方式特别是手工键盘输入，不仅容易发生错误，而且会延长程序的完成周期，输出方式也不利于数据的复用。因此，在实际应用中，程序中需要的数据特别是量比较大的数据常常从外部文件中读入，而输出数据也通常被存放到某个外部文件中，这样就可以做到数据持久存储。这种外部文件存储的对象称之为文件，处理方式称为文件的读取与写入，即 input 和 oupt，通常写为 I/O。

文件是一个存储在辅助存储器上的数据序列，可以包含任何数据内容。概念上，文件是数据的集合和抽象，类似的，函数是程序的集合和抽象。用文件形式组织和表达数据更有效也更为灵活。文件包括两种类型：文本文件（text files）和二进制文件（binary files）。

文本文件一般是由单一特定编码的字符组成，如 UTF-8 编码，内容容易统一展示和阅读。大部分文本文件都可以通过文本编辑软件或文字处理软件创建、修改和阅读。由于文本文件存在编码，因此它也可以被看作是存储在磁盘上的长字符串，例如一个 txt 格式的文本文件。

二进制文件直接由比特 0 和比特 1 组成，没有统一字符编码，文件内容数据的组织格式与文件用途有关。二进制是信息按照非字符、特定格式形成的文件，例如 png 格式的图片文件和 avi 格式的视频文件。二进制文件和文本文件最主要的区别在于是否有统一的字符编码。文本文件编码基于字符定长，译码容易；二进制文件编码是变长的，所以更加灵活，存储利用率更高，译码也相对更难。

和其他编程语言类似，MATLAB 也是将计算机系统中的各种设备抽象成文件对象处理的，因此程序中使用的文件是逻辑意义上的文件。在 MATLAB 中，通过文件对象可以访问一个真正的磁盘文件或其他类型的存储/通信设备，如标准输入/输出、内存缓冲区等。

在数据处理和分析等编程过程中，通常需要处理其他来源的数据文件，然后将处理后的结果保存到文件中。数据文件类型通常可分为文本文件和表格文件两大类，本节主要介绍这两种类型文件的读取和写入相关的内容。

2.3.1 文本文件的读写

常用的文本文件通常为 .txt 文件或 .dat 文件，其他格式的文本文件也有不少，比如 Linux 系统中默认的文本文件没有后缀。但这种文件的读写方式与一般的文本文件完全相同，无需区分介绍。因此，此处的文本文件的读写编程方法主要针对 .txt 文件和 .dat 文件这两个比较常用的格式。

文本文件的读写可分为三种不同的操作方法或模式，包括从文件读、写入文件以及追加到文件。MATLAB 中文本文件读写的相关函数可分为 save 和 load、dlmread 和 dlmwrite、textread 和 textscan、fgetl 和 fprintf 等，下面针对这些函数的使用方法进行详细说明。

1. save 和 load

保存函数 save 可以将矩阵形式的数据写入一个数据文件中，包括文本文件（如 .txt 和 .dat）或 .mat 格式文件（MATLAB 可读）。其使用方式如下：

```
>> save filename -ascii
>>save filename variable1 -ascii
```

如果不使用后缀-ascii，则保存格式为 .mat，该格式仅 MATLAB 软件可以识别，数据压缩存储效率较高。当数据量比较大的时候，建议使用 .mat 文件的方式进行保存，不仅能够缩减数据存储空间，而且能够大大加快数据再次读取的效率。

上述代码如果指定变量 variable1 等，则可将指定的变量保存到 .mat 文件中，此时不会保存其他多余的数据。如果用户不指定变量，则默认将工作空间中的所有变量保存到 .mat 文件中。

当文件 filename 已经存在时，采用上述方法会覆盖 filename 文件内的所有内容。如果想在原有文本文件后面直接追加新的数据，则使用方式如下：

>>save filename variable1 -ascii -append

读者可运行下面的代码查看生成的 result.txt 文件内容：

>> A = rand(3);

>>save result.txt A -ascii

与保存函数 save 相对应，读取函数 load 可读取矩阵格式保存的文本文件或已存储的 .mat 文件，使用方式如下：

>>load filename

需要特别注意的是，当利用该读取函数 load 进行文本文件的读取时，要求目标文本文件必须是纯数字形成的矩阵，这种数据读取方法识别出来的数据可以存储到矩阵变量中。如果文本文件数据不满足此项要求，则需要用到 MATLAB 的其他读取函数进行文本文件的读写。

2. dlmread 和 dlmwrite

保存函数 save 和读取函数 load 只能读写矩阵形式的纯数据文件，但数据文件通常第一行或第一列会有中文或英文符号，标明数据的物理含义，此时函数 save 和函数 load 不再适用，使用这两个函数读写这类文本文件时程序会报错。针对文本文件数据类型的特点，此时可以采用 MATLAB 中的另一对文件读写函数进行文本文件的读写，即读取函数 dlmread 和写入函数 dlmwrite。MATLAB 中读取函数 dlmread 的使用方式如下：

>>dlmread(filename,delimiter,skiprow,skipcolumn)

其中 delimiter 表示分隔符，常用分隔符包括空格和逗号，分别用 "' '" 和 "' , '" 表示。skiprow 和 skipcolumn 分别表示数据读取时跳过的行和列，通过设置这两个参数，可跳过文本文件中前面若干行和若干列中的中英文字符，直接读取矩阵形式的数据内容。需要注意，此处的后三个参数可以缺省，当全部缺省时，函数效果与读取函数 load 完全相同。

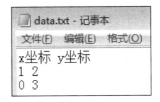

图 2-2　文本文件示例

例如，假定存在如图 2-2 所示的 data.txt 数据文件，则可利用 dlmread 命令读取矩阵形式的数据，使用代码如下：

>> dlmread('data.txt',' ',1,0);％分隔符为空格,跳过第 1 行读取

与读取函数 dlmread 相对应的，MATLAB 中写入函数 dlmwrite 的用法如下：

>>dlmwrite(filename,variable,'precision',format,'delimiter',' ')

其含义为将矩阵形式变量 variable 写入文本文件 filename 中，数据的分隔符为空格（' '）、逗号（' , '）、制表符（' \ t'）或其他，数据写入的精度按照 format 格式进行保存，

可以指定整数型（％d）、浮点型（％f）、科学计数法（％e）等，同时还可以指定数据的总位数以及精确到小数点后的位数。例如，％12.4f 表示数据共用 12 位进行保存，其中后面 4 位为小数位；％03d 表示数据用 3 位来表示，当数据不足 3 位时，不足位用 0 来补充。

读者可以运行下面的示例代码，查看生成的 result.txt 文本文件的内容：

```
>>dlmwrite('result.txt',rand(3),'precision','%.2f','delimiter','');
```

其中％.2f 表示数据保存的格式，f 表示浮点型，.2 表示精确到小数点后两位。常用数据格式见表 2-3。

常用数据格式　　　　　　　　　　　　　　　　　　　　　　　表 2-3

数据格式符号	含义
％d	整数型
％f	浮点型
％s	字符串
％e/％E	科学计数法
％m.nf	数据长度为 m，保留 n 位小数
％.ne	保留 n 位小数的科学计数法
\n	换行符
\t	制表符

与读写函数 save 和 load 相比，尽管 dlmread 函数和 dlmwrite 函数的功能更加丰富，但其缺陷也十分明显，只能读取矩阵格式的数据文件，无法用于读写具有字符串类型的文本文件。

3. textread 和 textscan

MATLAB 中的 textread 和 textscan 均为文件读取函数，二者用法较类似，均可读取较为复杂格式的数据类型。

MATLAB 中读取函数 textread 的使用方式如下：

```
>>[A,B,C,...]=textread(filename,format)
```

MATLAB 中读取函数 textscan 的使用方式如下：

```
>>C=textscan(fid,format)
```

这两个函数的用法有两点区别：（1）读取方式不同，textread 函数可以直接读取文件名，而 textscan 函数需要通过指针 fid 指向文件来进行读取；（2）textread 函数读取文件后返回的结果保存为多个变量，需要分别指定变量，而 textscan 函数则返回到一个 cell 数组变量内，相对较方便。

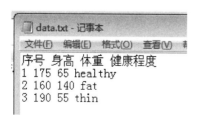

图 2-3　复杂格式文本文件示例

下面用实例说明 textread 和 textscan 这两个读取函数的使用区别。如图 2-3 所示为文本数据文件 data.txt 的格式内容。显然，数据中存在字符串，因此无法使用 load 函数和 dlmread 函数进行读取。针对这种类型的数据，可以选择读取函数 textread 和 textscan 进行分析。数据读取时，需要跳过第 1 行和第 1 列，读取身高、体重、健康程度数据，其中健康程度是字符串格式。

利用 textread 函数读取文件代码如下：

$>>$[$\sim$,height,weight,health] = textread('data.txt','%d%d%d%s','delimiter', ' ','headerlines',1);

利用 textscan 函数读取文件代码如下：

$>>$fid = fopen('data.txt','r+');

$>>$ data = textscan(fid,'%d%d%d%s','delimiter',' ','headerlines',1);

$>>$ fclose(fid);

textread 函数读取时，指定了 4 列数据，前 3 列均为%d，表示 double 类型数据，最后 1 列为%s，表示字符串数据。通过 delimiter 参数指定数据的分隔符为空格，headerlines 参数指定跳过的行数。函数返回的参数包括 4 个，由于第 1 列不需要，因此用波浪符号表示，第 2~4 列分别保存为 height、weight、health 变量，数据类型分别为双精度、双精度、字符串。这种方法读取时比较直观，对于保存的对象需要用户直接指定。但当列数非常多的时候，分别存储的方式过于呆板，不够灵活，此时可以考虑使用 textscan 函数。

textscan 函数读取时，需要先用 fopen 函数打开文件的指针，然后通过指针来读取文本文件。用法与 textscan 函数类似，但只需指定一个返回变量，该变量类型为元胞数组 cell，存储较为灵活。例如，当总列数为 50 列，仅第 50 列为字符串时，可结合 repmat 函数进行文件的巧妙读取，代码如下：

$>>$fid = fopen('data.txt','r+');

$>>$ str = strcat(repmat('%d',1,49),'%s');

$>>$ data = textscan(fid,str,'delimiter',' ','headerlines',1);

$>>$ fclose(fid);

相比之下，这两个读取函数各有优劣。当数据的列数不多时，用 textread 函数更为方便；否则，建议采用 textscan 函数读取，生成的数据格式为元胞数组 cell。元胞数组 cell 常用的函数为 cell2mat，可以将元素内大小相同的矩阵进行合并。

上述利用 textscan 函数打开文件时，用到了 fopen 函数，这与 C 语言中的指针类似，通过设定文件名称和文件打开方式，获取指向文件的指针变量，如 fid，即指向了 data.txt 文件的内容。文本文件的打开方式主要包括'r' 'r+' 'w' 'w+' 'a' 'a+' 't' 'b'这几类，详见表 2-4。

文本文件的打开方式　　　　　　　　　　　　　　　　　　表 2-4

符号	含义
r	只读方式打开文件(默认的方式)，该文件必须已存在
r+	读写方式打开文件，打开后先读后写，该文件必须已存在
w	打开后写入数据，该文件已存在则更新，不存在则创建
w+	读写方式打开文件。先读后写，该文件已存在则更新，不存在则创建
a	在打开的文件末端添加数据，文件不存在则创建
a+	打开文件后，先读入数据再添加数据，文件不存在则创建
t	以文本方式打开
b	以二进制格式打开

4. fgetl 和 fprintf

上述三类文件读写函数，虽然使用方式简单，但相对而言功能较为单一，只能读取矩阵形式的数据。然而，数据格式众多，需要有针对性地进行文件的读取和写入操作。读取函数 fgetl 和写入函数 fprintf 可根据用户的需求完成任意格式的文本文件读写，其中读取函数 fgetl 可逐行读取文本文件的内容，写入函数 fprintf 可将目标逐行写入文本文件。

读取函数 fgetl 的使用方式如下：

>>strline = fgetl(fid)

每行读取的结果为文本字符串，读完之后指针自动指向下一行。

写入函数 fprintf 的使用方式如下：

>>fprintf(fid,format,variable)

此处以图 2-2 的文件内容为示例，展示如何将数据内容读取并写入文件中，代码如下：

```
data = dlmread('data. txt',' ',1,0); % 读取文件
fid = fopen('result. txt','w'); % 文件写入的指针变量
fprintf(fid,'x 坐标 y 坐标\n'); % 向文件中写入第 1 行
for i = 1:size(data,1) % 循环向文件中写入内容
    fprintf(fid,'%.1f ',data(i,:)); % 逐行写入数据内容
    fprintf(fid,'\n'); % 写完后在文件中写入换行符
end
fclose(fid); % 关闭指针
```

上面的示例代码可以作为一般文件写入的标准程序，读者可根据自己的需求进行相应的修改。由于文件读取的内容受文件的格式影响非常大，此处没有设置相应的案例代码，读者可参考本书【例 6-1】风洞试验风场调试数据风剖面拟合的实践案例进行学习。只有熟悉文件的格式之后，才能准确编写相应的程序代码。

以上几种文本文件读写的方式，均具有各自的优势和劣势。读者可以在熟悉这些方式之后，根据实际的需求选择最合适的函数进行文件读写操作。

2.3.2 表格文件的读写

在数据分析时，有时需要读取表格形式的数据或将数据保存为表格形式，这样更有利于数据的直观查看和编辑处理。在 MATLAB 软件中，提供了专门针对 excel 表格文件的读写函数，即表格读取函数 xlsread 和表格写入函数 xlswrite。

表格读取函数 xlsread 的使用方式如下：

>>[out1,out2] = xlsread(filename,'sheet','range')

其中 filename 表示读取的文件名，用户可通过参数'sheet'指定读取的表格栏，当不指定时默认读取'sheet1'栏或第 1 个表格栏。用户还可通过参数'range'指定表格读取的范围。如'A1G5'，其中 A1 和 G5 构成的矩阵块，即为函数读取的内容。当不指定该参数时，默认读取表格栏内的全部内容。由于表格内通常同时有数字和字符串，该函数可提供两个返回内容，其中 out1 变量返回表格内连续的数字矩阵，若存在字符串则对应内容为 NaN 值；out2 变量返回表格内所有的字符串，并以元胞数组的形式存储。当不指定或仅指定一个返

回对象时，默认返回 out1 变量的内容。

表格写入函数 xlswrite 的使用方式如下：

```
>>xlswrite(filename,variable,'sheet')
```

该命令可将矩阵形式变量或元胞数组形式变量 variable 保存到 filename 表格文件的指定栏中，若不指定参数'sheet'，则默认保存到'sheet1'中。

下面以班级成绩表格文件"班级成绩.xlsx"为例，详细阐述表格文件的读取和写入。假设某个班级共有 10 个人，考试科目有 5 门，所有人员各科目的考试成绩记录如图 2-4 所示。可利用 xlsread 函数读取该班级的全部成绩，详细代码如下：

```
data = xlsread('班级成绩.xlsx');  % 读取表格文件
data(:,2) = [];  % 删除 NaN 值对应的列
```

上述代码利用 xlsread 函数读取文件后返回的对象只有 1 个，对应表格文件中的数据矩阵内容。然而，表格数据中存在大量字符串，特别是序号和计算机基础课程之间，存在姓名的字符串，导致读取的数据矩阵结果中的第 2 列为 NaN 值。因此利用上述的第 2 行代码将 NaN 值进行删除，最终 data 变量保留的结果为 10 行 7 列的矩阵，第 1 列为学生序号，第 2～7 列分别对应姓名、计算机基础、高等数学（A）I、线性代数 A、土木工程制图 I、大学英语 I 课程的成绩，每行表示每个学生的各科目考试成绩。

	A	B	C	D	E	F	G
1	序号	姓名	计算机基础	高等数学(A)I	线性代数A	土木工程制图I	大学英语I
2	1	赵一	84	38	80	35	82
3	2	赵二	91	60	82	68	72
4	3	赵三	81	60	94	41	73
5	4	赵四	90	87	92	77	73
6	5	赵五	92	96	91	67	76
7	6	钱一	83	60	80	17	83
8	7	钱二	92	68	84	69	79
9	8	钱三	91	69	93	60	78
10	9	钱四	86	17	87	40	58
11	10	钱五	85	39	87	28	66

图 2-4　表格文件示例

当然，上述读取的数据不包含原表格文件中的所有文字信息。如果用户想要保留表格文件内的文字信息，则可以设置两个返回对象，程序代码如下：

```
[dnum,dstring] = xlsread('班级成绩.xlsx');
dnum(:,2) = [];
```

代码运行后原 Excel 内的文字信息全部保存在 dstring 元胞数组中。元胞数组的调取方式与矩阵类似，如 dstring{2，2}，区别仅在于矩阵是用括号表示，而元胞数组是用大括号表示。

利用下面的程序代码可以将 dnum 或 dstring 变量写入表格文件中：

```
>>xlswrite('result.xlsx',dnum);
```

```
>> xlswrite('result.xlsx',dstring);
```

这里的 dnum 为矩阵，dstring 为元胞数组，均可以直接保存为表格文件。由于数据保存为表格文件时，通常需要针对变量设置抬头文件进行补充说明，因此无法直接利用矩阵生成，此时建议利用构造元胞数组的方式来生成表格。

与文本文件相比，MATLAB 软件对于表格文件的读写效率较低。因此，在允许的条件下，建议尽量使用文本文件保存数据，可以大大节省数据保存和后续分析的时间，提高代码运行的效率。

2.3.3 实践：班级成绩统计分析与数据生成

为帮助读者将上述所学文件读写内容进行巩固，编者设计了一个关于班级成绩统计分析的案例，以供参考。

【例 2-4】请读取图 2-4 的 excel 表格中的班级成员每科成绩，统计得到每个科目的平均分、最高分、最低分、及格率，并计算每个成员的平均分、不及格门数，同时根据成员平均分进行名次排序。

代码如下：

```
clear all;
[data_num,data_string] = xlsread('班级成绩.xlsx','1 班','A1:K27');
Np = size(data_num,1);%班级人数
Nk = size(data_num,2)-2;%科目总数
% ==============================
%%统计每位同学的平均分、班级排名、不及格数
number = data_num(:,1);%每人的序号
data_num(:,1:2) = [];%删除 data_num 没用的前两列
person_mean = mean(data_num')';%计算每人的平均分
person_mean = roundn(person_mean,-2);%平均分精确到小数点后两位
[result_rank,rank_row] = sort(person_mean,'descend');%根据平均分进行降序排列,[分数,该成绩所在行]
result_person = sortrows([rank_row,result_rank,number]);% [序号,平均分,排名]
fail_num = [];%每人不及格数目
for i = 1:Np % 针对每个人进行循环
    aa = find(data_num(i,:)<60);%循环记录第 i 个同学的不及格位置
    fail_num(i,1) = length(aa);%根据不及格位置计算不及格数目,并赋值
end
result_person = [result_person,fail_num];%将每位同学的不及格数目补充到之前的结果中,[序号,平均分,排名,不及格数目]
% ==============================
%%统计每门科目的平均分,不及格率,最高分,最低分
course_mean = mean(data_num);%每门科目的平均分
```

```
course_mean = roundn(course_mean,-2); % 精确到小数点后两位
result_course = []; % 保存课程统计结果,变量初始化
for i = 1:Nk
    data = data_num(:,i); % 第 i 门科目的所有学生成绩
    aa = find(data<60); % 找到分数低于 60 的位置
    fail_rate = roundn(length(aa)/Np * 100,-1); % 第 i 门科目的不及格率
    temp = [fail_rate;max(data);min(data)]; % 第 i 门科目的 [不及格率;最高分;
最低分]
    result_course = [result_course,temp]; % 循环叠加每门科目的 [不及格率;最
高分;最低分]
end
result_course = [course_mean;result_course]; % 每门科目的 [平均分;不及格率;
最高分;最低分]
    % ==============================
    % % 输出结果 1:[序号,姓名,平均分,排名,不及格数],每行表示每个同学
result1 = cell(Np + 1,5); % 构造元胞数组,方便直接写入 excel 表
result1{1,1} = '序号';result1{1,2} = '姓名';result1{1,3} = '平均分';
result1{1,4} = '排名';result1{1,5} = '不及格数'; % 第一行
for i = 1:Np    % 每一行的 [序号,姓名,平均分,排名,不及格数]
    result1{i + 1,1} = i; % 序号
    result1{i + 1,2} = data_string{i + 1,2}; % 姓名
    result1{i + 1,3} = result_person(i,2); % 平均分
    result1{i + 1,4} = result_person(i,3); % 排名
    result1{i + 1,5} = result_person(i,4); % 不及格数
end
xlswrite('统计结果.xlsx',result1,'成员情况'); % 将 result1 结果写入 excel 表
    % ==============================
    % 输出结果 2:[平均分;不及格率;最高分;最低分],每列表示每门科目
result2 = cell(5,Nk + 1); % 构造元胞数组,方便直接写入 excel 表
result2{1,1} = '科目';result2{2,1} = '平均分';result2{3,1} = '不及格率/%';
result2{4,1} = '最高分';result2{5,1} = '最低分'; % 第一列
for i = 1:Nk % 每一列的 [平均分;不及格率;最高分;最低分]
    result2{1,i + 1} = data_string{1,i + 2}; % 科目名称
    result2{2,i + 1} = result_course(1,i); % 平均分
    result2{3,i + 1} = result_course(2,i); % 不及格率(百分比)
    result2{4,i + 1} = result_course(3,i); % 最高分
    result2{5,i + 1} = result_course(4,i); % 最低分
end
xlswrite('统计结果.xlsx',result2,'科目情况'); % 将 result2 结果写入 excel 表
```

知识点：表格读取函数 xlsread、表格写入函数 xlswrite、排序函数 sort 和 sortrows、查找函数 find、元胞数组 cell

代码解读：

上述代码运行后自动生成一个"统计结果 . xlsx"的表格文件，分别为成员情况和科目情况，结果如图 2-5 所示。

	A	B	C	D	E
1	序号	姓名	平均分	排名	不及格数
2	1	赵一	63.8	8	2
3	2	赵二	74.6	5	0
4	3	赵三	69.8	6	1
5	4	赵四	83.8	2	0
6	5	赵五	84.4	1	0
7	6	钱一	64.6	7	1
8	7	钱二	78.4	3	0
9	8	钱三	78.2	4	0
10	9	钱四	57.6	10	3
11	10	钱五	61	9	2

(a)

	A	B	C	D	E	F
1	科目	计算机基础	高等数学(A) I	线性代数A	土木工程制图 I	大学英语 I
2	平均分	87.5	59.4	87	50.2	74
3	不及格率/%	0	30	0	50	10
4	最高分	92	96	94	77	83
5	最低分	81	17	80	17	58

(b)

图 2-5 【例 2-4】的运行结果

(a)"成员情况"；(b)"科目情况"

1. 利用 xlsread 函数读取 excel 表格文件内容。由于此处需要识别学生姓名和科目名称，因此函数返回参数有 2 个，分别用于存储表格文件中的数据和字符串，记录在 data _ num 和 data _ string 变量内。根据读取的数据文件，计算该班级的总人数和科目总数，分别赋值给 Np 和 Nk 变量。

2. 计算每个人的平均分，并利用 sort 函数进行降序排序，结合 sortrows 函数获得每个人的平均分在班级上的排名。此时，变量 result _ person 中记录了每个人的序号、平均分和班级排名。此处的 sort 函数和 sortrows 函数用法如下：

＞＞ sort(A) % 默认按升序排序

＞＞ sort(A,'descend') % 按照降序排序

＞＞ sortrows(A) % 按照矩阵行整体升序排序,先对比第 1 列,然后第 2 列,以此类推

＞＞ sortrows(A,[3 1]) % 指定行的升序排序方式,按照第 3 列、第 1 列、第 2 列依次进行排序

＞＞ sortrows(A,-4) % 按照第 4 列降序排序

3. 参考【例 2-1】，利用查找函数 find 计算每个人的不及格门数，并将结果保存在 re-sult _ person 变量中。如果不考虑标题说明，可直接利用 xlswrite 函数将该变量保存在 ex-cel 表格文件中。

4. 统计每门科目的信息。利用 mean 函数、max 函数、min 函数分别获取每门科目的

平均分、最高分、最低分，利用 find 函数可计算每门科目的不及格率，将结果保存在 result_course 变量中，按行排序依次为每门科目的平均分、不及格率、最高分、最低分。类似的，若不考虑标题说明，该变量也可以直接保存在 excel 表格文件中。

然而，为了数据的可读性和直观性，在保存数据时必须注明数据对应的物理意义。针对 result_person 和 result_course 变量，分别将其扩展为 cell 元胞数组，并利用循环的方式进行变量赋值，学生姓名和科目名称可在表格文件最初读取的 data_string 中获取。

5. 得到了元胞数组格式的 result1 和 result2 变量，分别记录了成员信息和科目信息。利用 xlswrite 函数将其分别存储到相同 excel 表格的不同 sheet 中。

本例中涉及的知识点众多，不仅包含表格文件的读写，还包括数据的统计分析和处理，读者可以借助这个案例掌握数据分析的一般思路以及文件读写的方法。

上述程序代码虽然对于初学者而言非常便于理解，但整体相对较繁琐，主要在于元胞数组的赋值上显得过于复杂。编者针对上述成员情况统计分析结果保存部分的代码进行了改良，利用 num2cell 函数将矩阵变量变换成了元胞数组，从而避免了 for 循环的使用，大大节约了代码量，提高了程序运算效率。改进的程序代码如下：

```
% 输出结果 1：[序号,姓名,平均分,排名,不及格数],每行表示每个同学
result1 = cell(Np + 1,5);  % 构造元胞数组,方便直接写入 excel 表
result1(1,1:5) = {'序号','姓名','平均分','排名','不及格数'};  % 第一行说明,直接针对元胞数组进行赋值
result1(2:end,:) = num2cell([number,result_person]);  % [序号,序号,平均分,排名,不及格数],直接针对元胞数组进行赋值
result1(2:end,2) = data_string(2:Np + 1,2);  % 将元胞数组第 2 列替换为姓名
xlswrite('统计结果.xlsx',result1,'成员情况');  % 将 result1 结果写入 excel 表
```

读者可在完全理解【例 2-4】的基础上，结合上述改进的代码，尝试自行修改源代码中的科目情况统计结果，并保存到表格数据文件。

2.4　本章小结

本章介绍了 MATLAB 中数据处理涉及的基础知识点，具体包含以下几方面的内容：

1. MATLAB 的矩阵运算的相关知识点，包括矩阵构造、矩阵元素调取、矩阵计算，并通过一个科目不及格率计算的实践案例帮助读者加深对矩阵运算的理解和运用。

2. MATLAB 的自定义函数，包括 syms 符号函数和 function 自定义函数，并分别设计了分段函数自定义和资金等值换算公式自定义的实践算例，帮助读者快速掌握函数自定义的两种方法。

3. MATLAB 的文件读取与写入，包括文本文件的读写和表格文件的读写，并设计了一个关于班级成绩统计分析与数据生成的算法，帮助读者快速掌握数据分析和文件读写的相关内容。

通过本章节内容的学习，读者不仅可以快速掌握 MATLAB 中的矩阵运算、自定义函数、文件读写的相关知识点，而且可以提高数据分析处理能力。

MATLAB绘图之二维图形

MATLAB 有强大的绘图功能，提供了一系列绘图函数。用户不需要过多地考虑绘图细节，只需要给出一些函数的基本参数就可以绘制图形，这类函数统称为高层绘图函数。此外，MATLAB 还提供了直接对图形句柄进行操作的低层绘图操作。这类操作将图形的每个元素（如坐标轴、曲线、文字等）看作一个独立的对象，系统给每个对象分配一个句柄，用户可以通过句柄对该图形元素进行操作，而不影响其他部分的使用。

MATLAB 绘图包括二维绘图、三维绘图和视频制作等，其中二维绘图包括点线图、柱状图、饼状图等。本章主要介绍 MATLAB 软件绘图中较为常用的功能点线图、柱状图和饼状图。

3.1　点线图

点线图是数据处理中最常用的绘图方式，它通过散点和连线的方式，直观地展示数据的变化趋势。本节重点介绍点线图的绘制、图片属性设置、图片保存、对数坐标绘制、多窗口绘制等，最后设计了一个利用点线图完成交错网格绘制的实践案例。

3.1.1　plot 命令

在【例1-4】【例2-2】中，我们均使用了点线图绘制的命令函数，即 plot 函数。该函数的使用方式如下：

>> plot(y);

>>plot(x,y); % 绘图,默认为蓝色直线。

>>plot(x,y,样式设置); % 自定义绘图的样式。

>> plot(x,y,样式设置1,x2,y2,样式设置2,……); % 在一个窗口绘制多条点线图，通常不同线条需设置不同的样式以示区别。

如果使用第一个代码，仅指定 y 轴变量，则 x 轴默认采用整数序号的方式，序号从 1 开始。该代码通常用于数据的快速绘图，可以查看数据的整体趋势，以便数据的进一步分析。一般而言，针对点线图需要 x 轴和 y 轴的数据，可采用第 2 个代码，代码后可通过参数设置线条的颜色、形状等信息。下面，以【例 1-4】中的绘图代码为例，进行详细介绍，相应代码如下：

figure；% 新建绘图窗口

plot(xi,Err,'.-k')；% 绘制点线图

xlabel('步数');ylabel('绝对误差');% 设置 x、y 轴名称

title('误差随步数变化曲线')；% 设置标题名称

1. 利用 figure 命令建立一个新的绘图窗口，所有的绘图操作都将在该绘图窗口中进行。如果不添加 figure 命令，那么所有的绘图都会在原绘图窗口进行绘制，若之前已经有绘图内容，此时会覆盖之前的图片内容。figure 命令还可打开指定的绘图窗口，如 figure(3)，表示打开序号为 3 的绘图窗口。

2. 利用 plot 命令进行绘图。绘图的 x 和 y 坐标分别为变量 xi 和 Err，".-k" 中的 "." 表示用实心点显示所有绘图的点，"-" 表示将所有的散点连成直线，"k" 表示线的颜色为黑色。

3. 利用 xlabel 和 ylabel 函数分别设置 x 轴和 y 轴的名称。

4. 利用 title 函数设置图片的标题。

以上是 plot 命令的常规使用方式，如果是三维点线图或散点图的绘制，则可使用 plot3 或 scatter3 函数实现。这两个函数不在本书范围内，读者如果有兴趣可在帮助系统中搜索其使用方法。

3.1.2　图片属性设置

精美的图片通常需要精心设计，可以通过设置图片的各种属性来实现。本节主要讲述图片属性相关的内容，包括线条颜色、线型、坐标轴、标注等。

MATLAB 内置的线条颜色和线型见表 3-1，其中，颜色、标记符和线型可组合使用，如【例 1-4】的 ".-k"。

线条颜色和线型　表 3-1

颜色标记符	含义	散点标记符	含义	线型标记符	含义
b	蓝色	.	实心圆	-	实线
c	青色	o	圆圈	:	虚线
g	绿色	+	加号	--	双划线
k	黑色	x	叉号	:.	点划线
m	紫色	*	星号		
r	红色	s	方框		
w	白色	d	菱形		
y	黄色	∧	上三角		
		v	下三角		
		>	右三角		
		<	左三角		
		p	五角星		
		h	六边形		

线条设计的主要属性也可用关键词指定，具体包括：

1. color：表示线条的颜色，默认为蓝色，即'b'；
2. linestyle：表示线条的线型，默认为实线，即'-'；
3. linewidth：表示线条的宽度，默认为 0.5；
4. marker：表示散点的标记符；
5. markerfacecolor：表示标记符填充的颜色；
6. markeredgecolor：表示标记符边界的颜色；
7. markersize：表示标记符的大小。

例如，线条设置'.-k'也可用关键词指定的方式实现，代码如下：

```
>>plot(x,y,'color','k','linestyle','-','marker','.');
```

需要注意的是，线条颜色不仅可以用内置的颜色符号快捷表示，还可以用 RGB 颜色表示。例如，设置 color 的属性为 [0.50 0.16 0.16]，对应的是棕色。

MATLAB 中常用的图形属性设置函数见表 3-2。

常用图形属性设置函数　　　　　　　　　　　　　　　　表 3-2

函数	含义	用法示例
axis	设置坐标轴范围	axis([0 8 0 2])
xlabel	设置 x 轴名称	xlabel('x(m)')
ylabel	设置 y 轴名称	ylabel('y(m)')
title	设置标题	title('分布图')
legend	设置标注	legend('实测','模拟')
gca	图片句柄属性	set(gca,……)
xtick	设置 x 轴刻度线	set(gca,'xtick',[-3:1:3])
ytick	设置 y 轴刻度线	set(gca,'ytick',[0:0.5:1])
text	添加文本	text(1,1,'Data')
hold on	原有图片上添加绘图	hold on

另外，关于图片绘制还有几个常用的功能性补充说明：

1. 窗口最大化

```
>>set(gcf,'outerposition',get(0,'screensize'));
```

有时既定的窗口绘图效果较差，利用代码对绘图窗口进行放大能保证绘图结果的美观和完整。

2. 设置字体和字号

```
>>set(gca,'FontName','Times New Roman','FontSize',15);
```

利用上面的代码可以将字体设置为 Times New Roman，这是科技论文的一般要求。

3. 设置刻度线的标签

```
>>set(gca,'xticklabel',{'a','b','c'});
```

有的时候 x 轴或 y 轴的刻度线需要用字符或字符串来标示，此时可以利用上面的代码，指定刻度线的标签。

4. 添加箭头

```
>>annotation('textarrow',[0.75 0.8],[0.74 0.8]);
```

在绘图命令中添加 hold on 命令，然后添加箭头进行指示，可以达到较为醒目的效果，上述代码的参数主要为箭头的起点坐标和终点坐标。由于该坐标采用了针对绘图窗口归一化的方式进行指定，因此经常需要通过调试才能得到令人满意的效果。

5. 添加矩形框

```
>>rectangle('position',[-0.23,0.84,0.11,0.1])
```

上面的代码可以在图中添加矩形框，代码后面的参数中，前两个参数指定了矩形框左下角的坐标，后面两个参数分别指定了矩形框的宽度和高度。

6. 设置标注位置

```
>>legend('Data','location','northeast')
```

注意，标注位置是通过方位设定的，也可通过方位的组合设定，还可通过添加"outside"设置在绘图框外侧。MATLAB 绘图的基本方位包括：north、south、east、west、best 等，此处的位置字符串不区分大小写。综上，MATLAB 中标注可设置的位置见表 3-3。此外，还可以通过指定坐标的方式，控制标注的位置，详细可参考【例 3-1】。

标注可设置的位置　　　　　　　　　　　　　　　表 3-3

位置表示方法	含义
north	标注在图形框内，上部
south	标注在图形框内，下部
west	标注在图形框内，左侧
east	标注在图形框内，右侧
northeast	标注在图形框内，右上角
northwest	标注在图形框内，左上角
southeast	标注在图形框内，右下角
southwest	标注在图形框内，左下角
northoutside	标注在图形框外，上部
southoutside	标注在图形框外，下部
westoutside	标注在图形框外，左侧
eastoutside	标注在图形框外，右侧
northeastoutside	标注在图形框外，右上角
northwestoutside	标注在图形框外，左上角
southeastoutside	标注在图形框外，右下角
southwestoutside	标注在图形框外，左下角
best	标注在图形框内，与绘图中的数据冲突最小
bestoutside	标注在图形框外，自动查找最佳位置

7. 希腊字母

```
>>xlabel('{\italpha}')
```

希腊字母用 LaTex 符号标识，内容可用大括号包裹，可读性更强。常用的希腊字母整理见表 3-4。

常用希腊字母　　　　　　　　　　　　表 3-4

表示方法	含义	表示方法	含义
\it	斜体	\alpha	α
_	下标	\beta	β
∧	上标	\gamma	γ
\ll	<<	\delta	δ
\gg	>>	\epsilon	ε
\pm	正负	\eta	η
\leftarrow	左箭头	\sigma	σ
\rightarrow	右箭头	\lambda	λ
\uparrow	上箭头	\rou	ρ
\circ	度数	\pi	π

8. 设置绘图窗口大小

```
>>set(gcf,'Position',[100,100,440,240]);
```

该命令可设置图片的位置、宽度和高度。以屏幕左上角为坐标原点，上面代码中的前两个参数为绘图窗口的左上角，后面两个参数分别为图片的宽度和高度。

9. 设置图片比例

```
>>set(gca,'PlotBoxAspectRatio',[2 1 1],'XLim',[0 2],'YLim',[0 1],'ZLim',[0 1]);
```

该命令可以保持原图片的 x 轴和 y 轴比例的一致性，避免图片产生被"压扁"或"拉伸"的失真效果。例如，上面的代码表示 x 轴范围为 $[0，2]$，y 轴范围为 $[0，1]$，x 轴长度与 y 轴长度的比值为 2。如果不添加该代码，则图片默认采用 1：1 的方式进行绘图。

10. 避免中文字体乱码

```
>>set(gca,'Fontname','Monospaced');
```

高版本的 MATLAB 中可能会出现中文字体显示乱码，在画图后使用该行代码可以临时解决出现中文字体乱码问题。

3.1.3　图片保存

MATLAB 中绘图窗口保存图片的方式较多，这里编者推荐一种可用于科研论文中的图片高精度保存方式，可满足论文刊印的 300dpi 分辨率要求。图片保存的详细流程如下：

点击图片窗口的【File】，选中【Export Setup】，点击【Rendering】，勾选【Resolution（dpi）】选项，选择 300 或 600，然后点击右侧的【Export】，选择图片保存格式。对于一般的文件或报告，建议选择 .png 格式即可；对于图片精度要求较高的，如论文或申请书撰写，建议选择 TIFF image（*.tif），可最大程度避免图片的失真。

3.1.4　对数坐标绘制

对数在各行业中的使用非常广泛。当某个数据的范围变化较大且细部波动性较强，其变化规律用传统笛卡尔坐标便难以体现。此时，可利用对数函数将坐标轴进行变化，对于数据规律本质的研究更加有利。MATLAB 中的对数坐标绘制函数主要包括 loglog、semilogx、semilogy 这 3 种。

1. loglog 函数

该函数可进行双对数坐标绘图，使用方式同 plot 命令：

$>>$loglog(x,y);

读者可运行下面的代码，绘图得到如图 3-1 所示的双对数坐标图片。代码中的 grid on 命令表示在图片中绘制网格线。

```
t = linspace(0，2 * pi,101)；% 变量 t
x = exp(t)；% x 轴变量
y = 100 + exp(2 * t)；% y 轴变量
loglog(x，y)；grid on % 网格线
```

2. semilogx 和 semilogy 函数

这两个函数可以针对 x 轴或 y 轴进行单对数坐标绘图。其中 semilogx 函数表示针对 x 轴取对数变量，semilogy 函数表示针对 y 轴取对数变量。函数的使用方式同 loglog 命令：

$>>$semilogy(x,y);

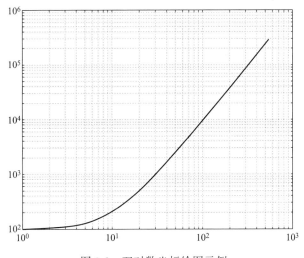

图 3-1　双对数坐标绘图示例

读者可以运行下面的代码，绘图得到如图 3-2 所示的单对数坐标图片。另外，读者可以尝试用 plot 函数绘制图片，并与对数坐标绘图进行对比，体会对数坐标绘图方式对于挖掘数据内在规律的优势。

```
x = linspace(0,2,101)；% 将线段线性等分,获取自变量 x
y = exp(2 * x)；% 因变量 y
semilogy(x，y)；% y 轴为对数坐标,x 轴为正常坐标,绘图
grid on；% 网格线
```

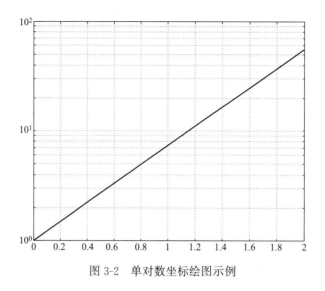

图 3-2 单对数坐标绘图示例

3.1.5 多窗口绘制

在进行数据对比时，有时为了方便，需要将若干图片放在一张图内，分别进行绘制，此时可用 MATLAB 中的 subplot 命令进行多窗口图片的绘制。subplot 命令的使用方式如下：

>>subplot(行数,列数,图片序号);

例如，subplot（1，3，2）表示绘制一个窗口，包含 1×3 个子图，当前绘图内容对应的是第 2 张图，图片排序为逐行的方式。

读者可以运行下面的程序代码，绘图得到如图 3-3 所示的多窗口图片。

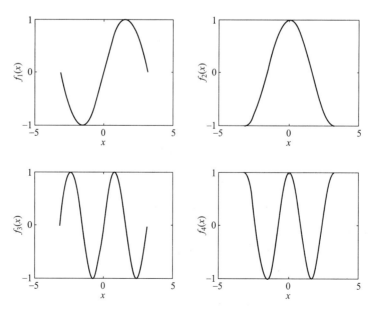

图 3-3 多窗口绘图示例

```
clear;close all; % 清除变量,关闭绘图窗口
syms f1 f2 f3 f4; % 符号变量
f1 = @(x) sin(x); % 第 1 个函数
f2 = @(x) cos(x); % 第 2 个函数
f3 = @(x) sin(2 * x); % 第 3 个函数
f4 = @(x) cos(2 * x); % 第 4 个函数
x0 = linspace(-pi,pi,101)'; % 自变量 x
f = [f1(x0),f2(x0),f3(x0),f4(x0)];%将 4 个函数拼接
figure; % 新建绘图窗口
col = 'krbc';% 定义颜色字符串,分别对应 4 个函数的绘图颜色
for i = 1:size(f,2)%针对 4 个函数进行循环绘图
    subplot(2,2,i);%打开子窗口
    plot(x0,f(:,i),strcat('-',col(i)));%绘制子窗口对应的函数图像
    set(gca,'FontName','Times New Roman','fontsize',12);%字体和字号
    xlabel('\itx'); % x 轴
  ylabel(strcat('{\itf}_',num2str(i),'(\itx)'));%y 轴
end
```

该程序首先申明了 4 个符号变量函数,然后定义自变量的取值,计算 4 个函数的值,并将其进行拼接,方便循环处理。定义了颜色字符串,利用 for 循环语句,依次打开各子窗口,并调用函数和颜色字符串进行绘制,同时设置图片的字体和字号,以及带希腊字母格式的坐标轴名称。这种利用 for 循环绘制多窗口的方式,可以避免手写多窗口绘图命令的繁琐,大大提高绘图效率,同时也非常方便程序代码的修改。

3.1.6　实践: GLL 和 GL 交错网格绘制

了解了以上关于 MATLAB 中点线图绘制的相关知识后,下面进行实践演练。

【例 3-1】请绘制 GLL(Gauss-Lobatto-Legendre)和 GL(Gauss-Legendre)二维网格节点分布图,其中 GLL 点为多项式 $g(\xi)=(1-\xi)(1+\xi)L_P'(\xi)$ 的零点,GL 点为多项式 $L_P(\xi)$ 的零点,$L_P'(\xi)$ 为 $L_P(\xi)$ 的导数。

本例中关于 GLL 点和 GL 点坐标获取的相关公式比较专业,读者可忽略坐标点计算的相关代码,重点掌握根据已有一维坐标点绘制二维网格线的代码实现方法。本例代码包括 1 个主程序(**test3 _ 1. m**)和 1 个子函数(jacobipoly. m),详细代码如下:

主程序 test3 _ 1. m 文件代码:

```
clear all;close all; % 清除变量,关闭绘图窗口
% % GLL 点和 GL 点坐标由来,此处代码可以忽略,假设已知 x1 和 x2
syms x;P = 6;Q = P + 1; % 设置自变量 x,阶数 P 和 Q
Pol1 = jacobipoly(0,0,Q,x);Pol2 = jacobipoly(1,1,Q-1,x); % 调用自定义函数计算
坐标,感兴趣的读者可查看自定义函数 jacobipoly. m 的代码
x1 = [-1;sort(roots(sym2poly(Pol2(Q-1))));1]; % GLL 点的坐标
x2 = [sort(roots(sym2poly(Pol1(Q))))]; % GL 点的坐标
```

%% 由一维坐标构造二维网格点

[X1,Y1] = meshgrid(x1,x1); % 由一维坐标形成二维坐标,GLL点

[X2,Y2] = meshgrid(x2,x2); % GL点网格坐标

%% 绘制网格线

psize = 10; % 网格点的大小

plot(X1,Y1,'-k',X1',Y1','-k',X1,Y1,'ok','markersize',psize,'markerfacecolor','k'); % GLL 坐标网格线

hold on; % 继续绘图

plot(X2,Y2,'-k',X2',Y2','-k',X2,Y2,'sr','markersize',psize); % GL 坐标网格线

set(gca,'FontName','Times New Roman','FontSize',15); % 字体和字号

%% 通过绘制空的点,将需要的标注提取出来

ax = 1;ay1 = nan;ay2 = nan; % 空值

h1 = plot(ax,ay1,'ok','markerfacecolor','k','markersize',psize); % GLL点的标注

h2 = plot(ax,ay2,'sr','markersize',psize); % GL点的标注

hh = legend([h1 h2],'GLL','GL','location','northwest'); % 将 GLL 和 GL 的 legend 进行拼接

set(hh,'box','off','orientation','horizon','position',[0.2 0.57 0.1 0.8],'fontsize',15); % 设置 legend 的属性,取消边框,水平排放,参数控制位置

xlabel('水平坐标\itx','fontsize',15); % x 轴名称和字号

ylabel('竖向坐标\ity','fontsize',15); % y 轴名称和字号

子程序 jacobipoly. m 文件代码:

```
function P = jacobipoly(alpha,beta,n,x)
%% 雅克比多项式
P(1) = x. /x;P(2) = 0.5. * (alpha-beta + (alpha + beta + 2). * x); % 初始值
for i = 3:n % 循环计算
    a1 = 2 * (i-1). * (i-1 + alpha + beta). * (2 * i-4 + alpha + beta); % 参数 a1
    a2 = (2 * i-3 + alpha + beta). * (alpha. ^2-beta. ^2); % 参数 a2
    a3 = (2 * i-4 + alpha + beta). * (2 * i-3 + alpha + beta). * (2 * i-2 + alpha + beta); % 参数 a3
    a4 = 2 * (i-2 + alpha). * (i-2 + beta). * (2 * i-2 + alpha + beta); % 参数 a4
    P(i) = ((a2 + a3. * x). * P(i-1)-a4 * P(i-2))./a1; % 雅克比多项式
end
```

知识点:多项式求根函数 roots、网格生成函数 meshgrid、网格线绘制方法、绘图标注拼接方法、多项式函数 sym2poly

代码解读:

代码运行结果如图 3-4 所示,展示了二维 GLL 和 GL 网格节点的分布。

首先,通过自定义的 jacobipoly. m 程序文件,获取指定阶数的雅可比多项式。这部分内容不要求读者掌握,感兴趣的读者可查找资料了解。然后,利用 sym2poly 函数获取多项式函数,结合求根函数 roots,计算多项式函数的所有零点。GLL 点和 GL 点对应的零

点分别命名为 x1 和 x2。为便于理解后面的代码，读者可假定此处的变量 x1 和 x2 为已知。

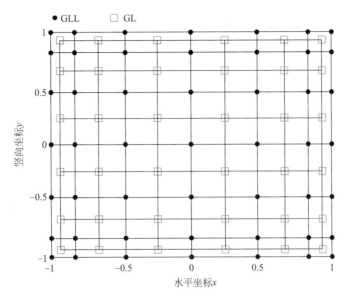

图 3-4　【例 3-1】的运行结果

利用 meshgrid 函数，将一维网格坐标扩展为二维网格节点。然后，绘制 GLL 网格的网格线和节点。注意，这里利用了矩阵的转置，完成了网格线的绘制。GL 网格的绘制同 GLL。

绘图完成后，设置图片绘制的字体和字号以及坐标轴名称。由于网格绘制的时候，进行了矩阵转置的绘制，如果直接采用 legend 函数添加图片的标注会有一定困难。此处，编者为读者提供了一种解决思路，利用 NaN 绘制空的点，标注设置与 GLL 点和 GL 点样式相同，然后将两种标注样式进行拼接，从而达到标注设置的目的。另外，这里为了美观，将标注的方框去除了，并设置为水平排序，通过坐标参数设置标注的最佳位置。需要注意的是，可以在初始绘制两种网格节点的时候，就将网格线和点的样式区分开，然后进行拼接，同样也可以达到指定的标注效果。希望读者可以通过本例的学习，更熟练地掌握点线图绘制和标注设置的方法，了解通过间接方式设置标注的思路。

3.2　柱状图

柱状图，又称长条图、柱形图、条图、条状图、棒形图，是一种以长方形的长度为变量的统计图表。柱状图可以直观展示数据的分布和变化规律，在小数据集可视化分析中经常使用。

3.2.1　bar 命令

在 MATLAB 中，柱状图的绘制可利用 bar 函数完成，使用方式如下：

```
>>bar(标签,值)
```

其中标签对应 x 坐标，值对应每个 x 坐标的数据值，二者维度需一致。如果将标签省略，则标签默认为从 1 开始的整数序列。还可通过其他参数指定柱状图的宽度和颜色样式等。如果每个标签对应的数据有多组，还可以通过"grouped"或"stacked"设置为分组柱状图或堆积柱状图。

3.2.2　实践：班级成绩分布柱状图

下面利用上述柱状图相关知识点，完成班级成绩分布柱状图绘制的练习。

【例 3-2】假设某班级有 50 个人，现有每个人的平均分数，要求计算并绘制班级的成绩区间分布情况（成绩可用 normrnd 函数随机生成）。

代码如下：

```
clear all;close all;  % 清除变量,关闭绘图窗口
%% 生成随机分布班级成绩
Nperson = 50;  % 班级人数
Score = round(normrnd(75,10,Nperson,1));  % 随机生成的班级分数
Score = max(Score,0);Score = min(Score,100);  % 保证分数在[0,100]区间内
%% 绘图
[ra,rb] = hist(Score,[54 64 74 84 94]);  % 成绩分成 5 组,<60、60-69、70-79、80-
89、90-100,统计各区间的人数
figure;bar(rb,ra/length(Score) * 100);  % 绘制成绩分布直方图
set(gca,'FontName','Times New Roman','FontSize',12);  % 设置字体及字号
set(gca,'xticklabel',{'不及格','60-69','70-79','80-89','90-100'});  % 设置 x 刻度值
xlabel('成绩区间');  % x 轴名称
ylabel('占比/%');  % y 轴名称
grid on;  % 网格线
title('班级成绩分布');  % 标题
```

知识点：高斯随机函数 **normrnd**、区间统计函数 **hist**、柱状图函数 **bar**、坐标轴标签设置函数 **xticklabel**

代码解读：

代码运行结果如图 3-5 所示，展示了班级成绩的分布情况。

1. 利用 normrnd 函数随机生成了 50 组数据，数据服从均值为 75、标准差为 10 的高斯分布。由于生成的数据有小数，因此用 round 函数进行了取整。为了保证成绩在 0 到 100 内，利用 max 函数和 min 函数进行了处理。

2. 利用 hist 函数针对班级分数进行统计，统计成绩分成 5 组：<60、60-69、70-79、80-89 和 90-100。统计返回的参数有 2 个，其中 rb 表示分组的标签，ra 表示落在对应区间内的个数。注意，这里的 54、64、74、84、94 可以理解为均值，MATLAB 统计的结果是落在两个均值区间范围内的个数，读者可自行调整参数加深理解。当然，这里也可以利用 for 循环统计落在每个区间的个数，还可以利用 find 函数来查找。总而言之，能用尽量简洁、便于理解的思路编程达到既定目的即可。

3. 计算每个区间的人数占比，利用 bar 函数进行成绩分布柱状图的绘制，并通过

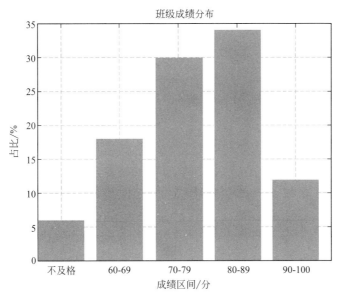

图 3-5　【例 3-2】的运行结果

xticklabel 函数将 x 轴的标签设置为不及格、60-69、70-79、80-89 和 90-100。

读者可以结合【例 3-2】和【例 2-4】，绘制班级各科目的平均分柱状图。

3.3　饼状图

饼状图常用于统计学模型，包括二维和三维饼状图。饼状图显示一个数据系列中每一项的大小占总项的比例，在数据成分分析中经常使用。

3.3.1　pie 命令

在 MATLAB 中，饼状图的绘制可利用 pie 函数完成，使用方式如下：

＞＞pie(数据,分割)

其中数据表示待分析占比的所有数据，可以是原始数据，也可以是计算后的比例值。分割表示将指定的模块突出显示，维度与数据一致，1 表示突出，0 表示不突出。MAT-LAB 中默认为不突出表示所有项。利用 MATLAB 里面的 pie3 函数还可完成三维饼状图的绘制，读者可以参考帮助系统学习了解。

3.3.2　实践：发电结构饼状图

利用上述知识点，完成发电结构饼状图的练习。

【例 3-3】请根据已有的某年份各种发电方式的发电量数据，绘制发电结构占比饼状图。

代码如下：

```
clear;close all;
```

```
[d_num,d_string] = xlsread('发电结构情况.xlsx'); % 读取数据
Label_string = {};
Labels = {}; % 百分比
for i = 1:length(d_num)
    Label_string{i,1} = d_string{i+1,1}; % 数据对应的能源类型标签
    Labels{i} = num2str(100 * d_num(i)/sum(d_num),'%.1f'); % 保留到小数点后一位
end
explode = zeros(6,1);explode(5) = 1; % 将第 5 个位置的风能发电突出显示
figure;pie(d_num,explode,Labels); % 绘制饼状图
set(gca,'FontName','Times New Roman','FontSize',12); % 设置字体及字号
hh = legend(Label_string,'location','eastoutside');
set(hh,'fontsize',10);
title('发电结构占比(%)');
```

知识点：饼状图函数 pie

代码解读：

代码运行结果如图 3-6 所示，展示了数据对应的发电结构占比情况。

1. 利用 xlsread 函数读取表格文件"发电结构情况.xlsx"，表格文件的内容如图 3-7 所示。读取结果包含数据部分和字符串部分，分别保存在 d_num 和 d_string 内。为便于饼状图绘制时的标注显示便利，根据元胞数组变量 d_string 的元素获取能源类型标签，即火力发电、核电、水力发电、太阳能发电、风能发电和地热、生物发电及其他，将其命名为 Label_string 元胞数组变量。同时，为了自定义显示饼图中数据的精度，另外计算了发电占比，命名为 Labels 变量。根据数据特点，设定百分比保存到小数点后一位数。

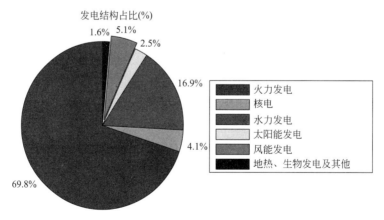

图 3-6 【例 3-3】的运行结果

2. 代码设置了将风能发电突出显示，风能发电在第 5 个位置，因此 explode 变量的第 5 个位置为 1。

3. 利用 pie 函数进行饼状图的绘制，并设置其他的图形参数。需注意，此处设置的标注位置是在 eastoutside，即右侧边框外。如果设置在底部外侧，则为 southoutside。

	A	B
1	能源类型	发电占比（%）
2	火力发电	69.8
3	核电	4.1
4	水力发电	16.9
5	太阳能发电	2.5
6	风能发电	5.1
7	地热、生物发电及其他	1.6

图 3-7　【例 3-3】对应的数据表格文件

以上是二维饼状图的绘制，读者可将 pie 函数替换为 pie3 函数，尝试绘制三维饼状图，调整选取最佳视角参数等，和二维饼状图对比效果。

3.4　本章小结

本章介绍了 MATLAB 二维图形绘制的相关知识点，具体包含以下几方面的内容：

1. MATLAB 的点线图绘制函数 plot，并扩展介绍了对数坐标和多窗口的绘图方法，详细阐述了图片属性的设置方法和图片保存方法。通过交错网格绘制的案例，帮助读者加深对于点线图绘制和图片属性设置的理解。

2. MATLAB 的柱状图绘制，设置了班级成绩分布柱状图绘制的实践案例。

3. MATLAB 的饼状图绘制，设置了发电结构饼状图绘制的实践案例。

通过本章内容的学习，读者可以掌握 MATLAB 二维绘图的基本知识。在第 2 章数据分析处理的基础上，进一步完成数据的可视化展示。

第 4 章　MATLAB绘图之云图

本章主要介绍 MATLAB 软件绘图功能中的云图绘制，详细阐述云图绘制时涉及的插值函数相关知识。通过本章的学习，读者能够熟悉 MATLAB 中插值函数的使用方法，熟练掌握任意边界下的云图绘制。

4.1　云图

第 3 章讲述的二维图形绘制主要用来直观描述某个物理量随一维变量的变化关系，例如风速随高度的变化关系。当某个物理量随二维变化时，二维图形无法展示其变化趋势，此时可以用等高线图或云图的方式进行描述。本节主要介绍 MATLAB 中等高线图和云图的绘制方法，并设计了矩形区域网格节点云图绘制的实际案例进行补充说明。

4.1.1　contour 和 contourf 函数

MATLAB 中等高线图的绘制可用 contour 函数，而等高线云图的绘制可用 contourf 函数。这两个函数的应用方法基本相同，区别仅在于等高线云图将等高线图的线条之间用颜色进行了填充，因此比等高线图更加直观。contour 函数和 contourf 函数的使用方式如下：

　＞＞contour(X,Y,fxy,等高线参数设置)

　＞＞contourf(X,Y,fxy,等高线和填充参数设置)

其中，X 和 Y 表示两个笛卡尔坐标的矩阵形式，fxy 表示对应二维坐标下的物理量值，X、Y、fxy 的矩阵维度相同。

contour 函数和 contourf 函数的效果对比如图 4-1 所示。传统的等高线图为全黑白，在每条线条上标注数值。在 MATLAB 中，可以用颜色表示值，同时也可以标注线条对应的值。与 contour 函数相比，contourf 函数的效果显得更加直观。用填充的颜色直接表示数值，对应关系可在右侧的 colorbar 中查找。

需要提醒读者的是，在等高线图和云图中，也可以利用第 3 章学习的相关内容设置图片的属性，如坐标轴、标题、坐标轴刻度线等，还可以利用 hold on 命令在图片中添加其他的标记，如方框、文字、箭头等。

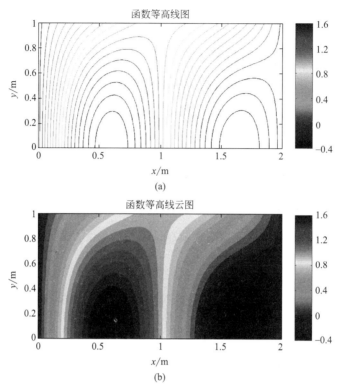

图 4-1　contour 函数和 contourf 函数效果对比
（a）contour 函数效果；（b）contourf 函数效果

4.1.2　云图属性设置

区别于二维图形属性设置，云图的属性设置主要针对云图的填充颜色、填充间隔、色棒的标记刻度等。在 contourf 函数命令的后面可直接指定颜色区间数量和填充线条的分割方式。如 contourf（X，Y，fxy，20，'w-'），含义为用 20 种颜色表示云图的值，不同颜色的交界线条用白色实线表示。再结合 shading flat 命令使得线条之间平滑过渡，即可达到较好的视觉效果。

在低版本 MATLAB 中，如 MATLAB R2012b，上述命令可表示为：

＞＞contourf(X,Y,Fxy,20)；shading flat；

在高版本 MATLAB 中，如 MATLAB 2021b，代码有一定的调整：

＞＞contourf(X,Y,Fxy,20,'linestyle','none')；shading flat；

在 MATLAB 中还可设置色棒的属性。利用 colorbar 函数可调出色棒，然后可以设置色棒的位置和范围，使用方式如下：

＞＞colorbar('ytick',[0:0.2:1])

＞＞ caxis([0 1])

其含义为设置色棒的颜色范围为 [0，1]，区间内用间隔为 0.2 的刻度线表示。

此外，色棒颜色自定义可通过 colormap 函数实现，MATLAB 2014 之前的版本默认为 jet，之后则默认为 parula。MATLAB 中其他可选择的 colormap 参数还包括 hsv、hot、cool、spring、summer、autumn、winter、gray、bone、copper、pink、lines、colorcube、prism 等。colormap 的设置方式如下：

```
>>colormap('hot')
```

用户还可以在 figure 窗口下，打开【编辑】-【颜色图】自定义 colormap，保存到本地文件夹。使用时只需加载该 colormap 即可，然后显示图片，再应用对应 colormap。例如：

```
load newcolormap; % 加载 colormap
surf(peaks); % 绘制三维等高线曲面
colormap(newcolormap); % 设置 colormap
```

4.1.3 实践：矩形区域网格节点云图

利用上述知识点，完成矩形区域网格节点云图绘制的实战练习。

【例 4-1】针对一个自定义的矩形区域 $\{x=[0,1], y=[0,2]\}$，自定义函数为 $f(x,y)=\sin(\pi x)\cos(0.5\pi y)+\sin(0.5\pi x)$。绘制该矩形区域内函数的云图。

代码如下：

```
clear all;close all; % 清除变量,关闭绘图窗口
%% 构造矩形区域规则节点,如有实测数据可以将其替换
xmin = 0;xmax = 2;ymin = 0;ymax = 1; % 矩形区域范围
xl = linspace(xmin,xmax,101)'; % 自变量 x 取值,一般而言分成100份即可
yl = linspace(ymin,ymax,101)'; % 自变量 y 取值
[X,Y] = meshgrid(xl,yl); % 构造规则网格节点
%% 构造矩形区域规则节点对应的数据,随意构造一个函数 Fxy,绘制 Fxy 的云图
Fxy = sin(pi * X). * cos(pi/2 * Y) + sin(pi/2 * X); % 二维函数表达式
%% 云图绘制
% [C,h] = contour(X,Y,Fxy,20); % 等高线图
[C,h] = contourf(X,Y,Fxy,20,'w-'); % 等高线云图
shading flat; % 平滑过渡
colorbar; % 调出颜色对应的色棒
colormap('hot'); % 设置 colormap
caxis([-0.4 1.6]); % 设置色棒的数值范围
colorbar('ytick',[-0.4:0.4:1.6]); % 设置色棒的刻度值
set(gca,'FontName','Times New Roman','FontSize',12); % 字体和字号
% set(gcf,'outerposition',get(0,'screensize')); % 窗口最大化
set(gca, 'PlotBoxAspectRatio',[(xmax-xmin)/(ymax-ymin) 1 1],'XLim',[xmin xmax],'YLim',[ymin ymax],'ZLim',[0 1]); % 按比例绘图
ab = 15;xlabel('{\itx}/m','fontsize',ab); % x 轴名称和字号
ylabel('{\ity}/m','fontsize',ab); % y 轴名称和字号
```

```
title('函数等高线云图','fontsize',ab); % 标题名称和字号
```
知识点：等高线函数 contour、等高线云图函数 contourf

代码解读：

代码运行结果如图 4-2 所示，展示了矩形区域内网格节点对应的二维函数等高线云图。

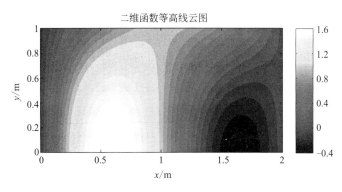

图 4-2　【例 4-1】的运行结果

1. 结合 linspace 函数和 meshgrid 函数构造矩形区域内的规则节点坐标，计算规则节点对应的二维函数值。此处如果已有实测数据，则可以用实测数据替换 Fxy 变量，对应的 X 和 Y 变量也需根据实测数据进行更新，保证 X、Y、Fxy 的维度完全一致。

2. 利用 contourf 函数绘制云图。线条采用了 20 条，不同数据可调整该参数以达到最满意的效果。利用 shading flat 命令设置了线条填充的平滑过渡，将默认的 colormap 由 jet 改为 hot，colormap 的选择取决于用户的喜好。

3. 设置色棒的范围和刻度标注属性，并利用 PlotBoxAspectRatio 函数功能保证图片的比例不失真。

用户可在代码最后一行添加下面的代码绘制三维曲面云图，这部分内容将在第 5 章进行详细讲解。

```
>>surf(X,Y,Fxy);
```

本例假设已知数据为矩形网格节点分布形状的 x 坐标、y 坐标以及对应的物理量。但真实情况往往是，实验数据或模拟数据通常很难保证分布十分规则，大多数情况下都是区域内分布不均匀的网格节点或不规则的节点。此时，需要通过插值函数计算得到矩形网格节点对应的物理量。因此，下一节着重讲解 MATLAB 中插值函数的使用方法。

4.2　插值函数

插值是指在有限的离散数据的基础上获取连续函数，使得这条连续曲线通过全部给定的离散数据点。插值是离散函数逼近的重要方法，利用它可通过函数在有限个点处的取值状况，估算出函数在其他点处的近似值。这是因为，数据通常是散点的形式而并不连续，许多数据点通常需要根据有限的已知点插值计算得到。根据插值维度可以分为一维插值、

二维插值、三维插值和多维插值。由于多维插值的方式与三维插值基本相同，因此本节主要介绍 MATLAB 中一维插值、二维插值以及三维插值相关的使用方法。

4.2.1 一维插值

MATLAB 中一维插值可以通过函数 interp1 实现，其使用方式如下：

>>yi = interp1(x,y,xi,method)

其中 x 和 y 表示已知数据，xi 表示待插值的自变量数据，method 表示插值方法，yi 表示利用插值函数得到的自变量 xi 处的物理量数值。在 MATLAB 中，插值方法包括 linear、nearest、spline、cubic、v4、pchip、v5cubic 等。

linear 为 MATLAB 默认的插值方法，表示线性插值。nearest 表示最邻近插值，寻找数据中最近的数据进行赋值。spline 表示三次样条插值，是通过求解三弯矩方程组计算光滑曲线函数组的插值过程。cubic 表示立方插值，用三次多项式进行插值。v4 表示双调和样条插值。pchip 表示分段三次 Hermite 插值多项式插值。v5cubic 为 MATLAB5 中的立方插值。

以上插值方法中，nearest、linear、v5cubic 方法不提供外插数据，即当插值点不在数据范围内时，插值结果为 NaN。而其他插值方法均可实现外插值，即便插值点不在数据范围内仍能得到数值。当需要进行外插计算时，可通过下面代码实现：

>>yi = interp1(x,y,xi,method,'extrap')

对于一维插值，读者可以运行下面的程序代码，其结果如图 4-3 所示。读者可以尝试修改代码中的插值方法，以此对比代码的运行结果，体会不同插值方法的插值效果。

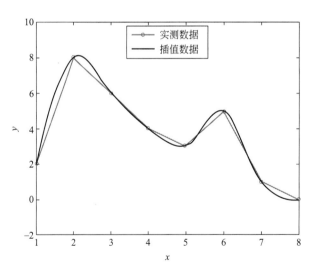

图 4-3 一维插值函数运行结果示例

```
clear all;close all; % 清除变量,关闭绘图窗口
x = [1:8]'; % 自变量 x
y = [2,8,6,4,3,5,1,0]'; % 因变量 y
x0 = linspace(1,8,51)'; %待插值点
```

y0 = interp1（x，y，x0，'v4'）; % 插值方法，nearest、linear、spline、v4、pchip、cubic、v5cubic

figure; % 新建绘图窗口

plot(x,y,'o-r',x0,y0,'-k'); % 绘制插值前后的数据

set(gca,'FontName','Times New Roman','FontSize',14); % 字体和字号

xlabel('\itx');ylabel('\ity'); % x 轴、y 轴的名称

legend('实测数据','插值数据','location','north'); % 设置标注位置

4.2.2　二维插值

当某个物理量随两个自变量变化，此时需要利用有限的数据点插值得到目标二维节点坐标处的函数值，则需要使用二维插值函数。在 MATLAB 中，二维插值函数包括 interp2、griddata、TriScatteredInterp 等。在高版本 MATLAB 中，TriScatteredInterp 函数被 scatteredinterpolant 函数替代，二者功能相同且使用方法完全一样。

interp2 函数的使用方式如下：

>>ZI = interp2(X,Y,FXY,XI,YI,method)

其中 X、Y、FXY 为网格节点坐标形式的数据，XI、YI 为待插值的网格节点坐标，可以均为二维网格节点坐标，也可以均为一维节点坐标，ZI 为插值点的函数值，method 表示插值方法，包括 nearest、linear、spline、cubic。

interp2 函数的使用限制较多，要求原始数据必须为网格节点分布形式，待插值坐标同样为网格节点形式。其功能可以简单阐述为：由一种网格的值插值得到另一种网格的值。

与 interp2 函数相比，griddata 函数的适用性则更广，其使用方式如下：

>>ZI = griddata(x,y,fxy,XI,YI,method)

其中，x、y、fxy 为不规则坐标形式的数据，XI 和 YI 的含义同上述的 interp2 函数，method 包括 linear、cubic、natural、nearest、v4。

显然，griddata 函数不再局限于网格节点形式的数据，可适用于任意不规则分布的数据，这使得其使用范围远远超过了 interp2 插值函数。但其插值获得的坐标必须是网格节点形式，这一点无疑又限制了它的使用。

TriScatteredInterp 函数或 scatteredinterpolant 函数的使用方式如下：

>>F = TriScatteredInterp(x,y,fxy,method)

>>F = scatteredinterpolant (x,y,fxy,method)

其中 method 包括 natural、linear、nearest。两种函数的功能和用法完全一样，此处以 TriScatteredInterp 函数进行说明。该插值函数功能十分强大，适用于任意不规则坐标形式的数据。通过指定插值方法，可获取插值函数 F，该函数的用法与数学中的表达方式相同，即 F（xi，yi）或 F（XI，YI）。这表明，该函数既可插值得到不规则节点的值，也可以得到网格节点的值，而且仅需要构造一次插值，即可快速插值获得不同坐标的函数值。同时，该函数还可扩展到三维插值，这部分内容将在下一节中进行介绍。

另外，在高版本 MATLAB 中，scatteredinterpolant 函数还可指定外插方法，使用方式如下：

>>F = scatteredinterpolant (x,y,fxy,method,ExtrapolationMethod)

其中，ExtrapolationMethod 表示外插方法，包括 nearest、linear、none。

以上介绍了 3 种二维插值函数，总结如下：interp2 函数仅适用于网格形式节点插值，得到网格形式节点；griddata 函数适用于不规则节点插值，得到网格形式节点；TriScatteredInterp 函数或 scatteredinterpolant 函数适用于不规则节点插值，得到网格形式或不规则形式节点，且可适用于二维和三维插值。

下面分别提供一段对应的程序代码和代码运行结果，便于读者理解。

1. interp2 函数

代码如下：

```
clear all;close all; % 清除变量,关闭绘图窗口
% % 原始数据
[X,Y] = meshgrid(0:0.25:1,0:0.2:0.4); % 原始网格数据
Fxy = sin(pi * X). * cos(pi/2 * Y) + sin(pi/2 * X); % 二维函数值
% % 插值数据
[Xi,Yi] = meshgrid(0:0.01:1,0:0.01:0.4); % 待插值网格数据
% % 插值与绘图
Fxyi = interp2(X,Y,Fxy,Xi,Yi,'spline'); % 插值
subplot(2,1,1); % 绘制插值前云图,第 1 个子图
[C,h] = contourf(X,Y,Fxy,20,'w-'); %等高线云图
shading flat; %平滑过渡
colorbar; %调出颜色对应的色棒
caxis([0 1.6]); %设置色棒的数值范围
colorbar('ytick',[0:0.4:1.6]); %设置色棒的刻度值
set(gca,'FontName','Times New Roman','FontSize',12); % 字体和字号
% set(gca, 'PlotBoxAspectRatio', [(xmax-xmin)/(ymax-ymin) 1 1],'XLim',[xmin
xmax],'YLim',[ymin ymax],'ZLim',[0 1]); % 图形范围和比例
ab = 15;xlabel('{\itx}/m','fontsize',ab); % x 轴的名称和字号
ylabel('{\ity}/m','fontsize',ab); % y 轴的名称和字号
title('插值前云图','fontsize',ab); % 标题的名称和字号
subplot(2,1,2); % 绘制插值后云图,第 2 个子图
[C,h] = contourf(Xi,Yi,Fxyi,20,'w-'); %等高线云图
shading flat; %平滑过渡
colorbar; %调出颜色对应的色棒
caxis([0 1.6]); %设置色棒的数值范围
colorbar('ytick',[0:0.4:1.6]); %设置色棒的刻度值
set(gca,'FontName','Times New Roman','FontSize',12); % 字体和字号
ab = 15;xlabel('{\itx}/m','fontsize',ab); % x 轴的名称和字号
ylabel('{\ity}/m','fontsize',ab); % y 轴的名称和字号
title('插值后云图','fontsize',ab); % 标题的名称和字号
```

代码运行结果如图 4-4 所示。

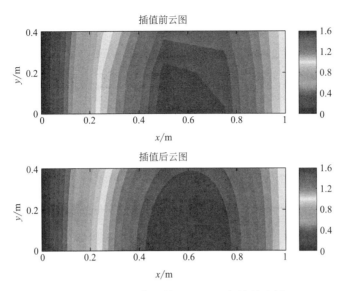

图 4-4　二维插值函数 interp2 运行结果示例

可以看出，原始数据点非常少，因此云图非常粗糙、不平滑。而基于原始数据插值后绘制的云图则非常平滑，利用了 spline 样条曲线进行插值。

2. griddata 函数

代码如下：

```
clear all;close all; % 清除变量,关闭绘图窗口
%%假定已有x,y坐标节点是随机的(实际数值模拟或实验时候是确定的,但通常不一
定规则分布)
xmin = 0;xmax = 1;ymin = 0;ymax = 1; % 矩形区域范围
XY_measured = rand(100,2); %假定数据有若干个,随机生成的数是[0,1],需转到指定
范围
XY_measured(:,1) = xmin + (xmax-xmin) * XY_measured(:,1); % [0,1]->[xmin,
xmax]
XY_measured(:,2) = ymin + (ymax-ymin) * XY_measured(:,2); % [0,1]->[ymin,
ymax]
Fxy_measured = sin(pi * XY_measured(:,1)). * cos(pi/2 * XY_measured(:,2)) + sin
(pi/2 * XY_measured(:,1));% 二维函数
alldata = [XY_measured,Fxy_measured]; % 至此,构造了不规则的节点数据,若是数值
模拟或实验,alldata是已知的
%%待插值网格节点
xl = linspace(xmin,xmax,101)'; % x 一维坐标
yl = linspace(ymin,ymax,101)'; % y 一维坐标
%%插值
[X,Y,Fxy] = griddata(alldata(:,1),alldata(:,2),alldata(:,3),xl',yl','v4'); % 网
```

格插值,v4 插值方式

```
%%绘图
[C,h] = contourf(X,Y,Fxy,20,'w-');%等高线云图
shading flat;%平滑过渡
colorbar;%调出颜色对应的色棒
caxis([0 1.6]);%设置色棒的数值范围
colorbar('ytick',[0:0.4:1.6]);%设置色棒的刻度值
set(gca,'FontName','Times New Roman','FontSize',12);% 字体和字号
set(gca, 'PlotBoxAspectRatio',[(xmax-xmin)/(ymax-ymin) 1 1],'XLim',[xmin xmax],'
YLim',[ymin ymax],'ZLim',[0 1]);% 图形范围和比例
ab = 15;xlabel('{\itx}/m','fontsize',ab);% x轴的名称和字号
ylabel('{\ity}/m','fontsize',ab);% y轴的名称和字号
title('云图','fontsize',ab);% 标题的名称和字号
```

代码运行结果如图 4-5 所示。

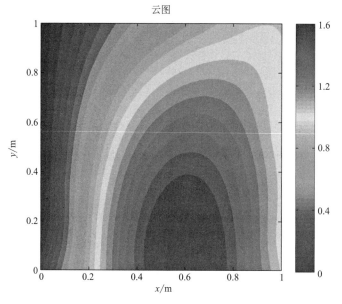

图 4-5　二维插值函数 griddata 运行结果示例

该代码采用了 v4 插值方法,因此云图过渡非常平滑且美观。

3. TriScatteredInterp 函数或 scatteredInterpolant 函数

代码如下（适用于高版本 MATLAB）:

```
clear all;close all;% 清除变量,关闭绘图窗口
%%假定已有x,y坐标节点是随机的(实际数值模拟或实验时候是确定的,但通常不一
定规则分布)
xmin = 0;xmax = 1;ymin = 0;ymax = 1;% 矩形区域范围
XY_measured = rand(100,2);%假定数据有若干个,随机生成的数是[0,1],需转到指定
范围
```

XY_measured(:,1) = xmin + (xmax-xmin) * XY_measured(:,1); % [0,1]->[xmin, xmax]

XY_measured(:,2) = ymin + (ymax-ymin) * XY_measured(:,2); % [0,1]->[ymin, ymax]

Fxy_measured = sin(pi * XY_measured(:,1)). * cos(pi/2 * XY_measured(:,2)) + sin (pi/2 * XY_measured(:,1)); % f(x,y),二维函数值

alldata = [XY_measured,Fxy_measured]; % 至此,构造了不规则的节点数据,若是数值模拟或实验,alldata 是已知的

%%插值

% Finterp = TriScatteredInterp(alldata(:,1),alldata(:,2),alldata(:,3),'linear'); %构造插值函数

Finterp = scatteredInterpolant(alldata(:,1),alldata(:,2),alldata(:,3),'linear','linear'); %构造插值函数,使用了外插函数,适用高版本 MATLAB

xl = linspace(xmin,xmax,101)';

yl = linspace(ymin,ymax,101)';

[X,Y] = meshgrid(xl,yl); % 构造规则网格节点

Fxy = Finterp(X,Y); % 获取插值的值

%%绘图

[C,h] = contourf(X,Y,Fxy,20,'linestyle','none'); %等高线云图,高版本 MATLAB

shading flat; %平滑过渡

colorbar; %调出颜色对应的色棒

colormap('jet'); % 设置 colormap

caxis([0 1.6]); %设置色棒的数值范围

colorbar('ytick',[0:0.4:1.6]); %设置色棒的刻度值

set(gca,'FontName','Times New Roman','FontSize',12); % 字体和字号

set(gca, 'PlotBoxAspectRatio',[(xmax-xmin)/(ymax-ymin) 1 1],'XLim',[xmin xmax],' YLim',[ymin ymax],'ZLim',[0 1]); % 图形范围和比例

title('云图','fontsize',15); % 标题的名称和字号

set(gca,'Fontname','Monospaced'); % %避免高版本中出现中文字体乱码问题

ab = 15;xlabel('{\itx}/m','fontsize',ab,'FontName','Times New Roman'); % x 轴的名称、字体和字号

ylabel('{\ity}/m','fontsize',ab,'FontName','Times New Roman'); % y 轴的名称、字体和字号

代码运行结果如图 4-6 所示。

该代码是在高版本 MATLAB 中运行,采用了 scatteredInterpolant 插值函数,并定义了外插方法为 linear。由于该数据是在标准矩形区域内随机生成的,通过线性变换将其变换到指定区域内,不包含数据边界,因此若不指定外插方法,则没有数据的节点值 NaN,云图中表现为空白。读者可利用代码中注释的 TriScatteredInterp 函数代码测试,也可取消 scatteredInterpolant 函数中定义的外插函数,对比查看云图结果。

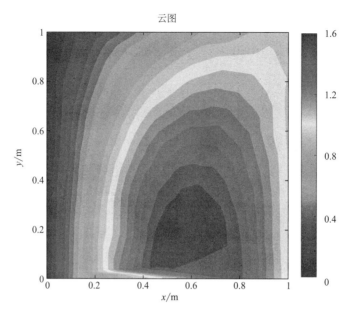

图 4-6   二维插值函数 scatteredInterpolant 运行结果示例

需要注意的是，在高版本 MATLAB 中容易出现中文乱码。这里建议通过设置图形字体为 Monospaced 来临时解决乱码的问题。

4.2.3   三维插值

MATLAB 中三维插值同样可利用 TriScatteredInterp 或 scatteredInterpolant 函数实现，使用方式同二维插值中，具体如下：

$>>$F = TriScatteredInterp(x,y,z,fxyz,method);

$>>$F = scatteredinterpolant (x,y,z,fxyz,method,ExtrapolationMethod); % 适用高版本 MATLAB

由于三维插值难以进行可视化，此处不予展示。

4.2.4   实践：复杂地形等高线云图

利用上述所学知识点，完成复杂地形等高线云图绘制的实践练习。

【例 4-2】获取指定区域的地形高程数据，并绘制云图。假设已获取的地形高程数据文件为 Terrain Data.dat，内容示意如图 4-7 所示，数据包括 3 列，分别为 x、y、z 坐标。请绘制地形海拔高度云图。

代码如下：

```
clear all;close all; % 清除变量,关闭绘图窗口
terrain = load('Terrain Data.dat'); % 读取地形数据,[x,y,z]
%%定义矩形网格节点
xmin = min(terrain(:,1));xmax = max(terrain(:,1)); % 根据数据获取矩形区域
范围
```

```
Terrain Data.dat - 记事本
文件(F)  编辑(E)  格式(O)  查看(V)  帮助(H)
-15860 -15860 1316.81
-15860 -15760.3 1316.2
-15860 -15660.5 1315.97
-15860 -15560.8 1315.85
-15860 -15461 1315.77
-15860 -15361.3 1315.71
-15860 -15261.5 1315.67
-15860 -15161.8 1315.65
-15860 -15062 1315.62
-15860 -14962.3 1315.61
-15860 -14862.5 1315.6
-15860 -14762.8 1315.59
-15860 -14663 1315.59
-15860 -14563.3 1315.57
-15860 -14463.5 1315.55
-15860 -14363.8 1315.54
-15860 -14264 1315.54
-15860 -14164.3 1315.55
-15860 -14064.5 1315.55
-15860 -13964.8 1315.56
-15860 -13865 1315.57
```

图 4-7 【例 4-2】中 Terrain Data. dat 文件内容示意

```
ymin = min(terrain(:,2));ymax = max(terrain(:,2)); % 获取 y 变量最小值和最大值
Nx = 101;Ny = 101; % 插值网格节点数量
xl = linspace(xmin,xmax,Nx)'; % x 一维坐标
yl = linspace(ymin,ymax,Ny)'; % y 一维坐标
[X,Y] = meshgrid(xl,yl); % 网格节点
%%插值
Fground = TriScatteredInterp(terrain(:,1),terrain(:,2),terrain(:,3)); % 插值
Z = Fground(X,Y); %计算网格节点对应的地形海拔高度
%%绘图
[C,h] = contourf(X,Y,Z,20,'w-'); %等高线云图
shading flat; %平滑过渡
colorbar; %调出颜色对应的色棒
caxis([1050 1550]); %设置色棒的数值范围
set(gca,'FontName','Times New Roman','FontSize',12); % 字体和字号
set(gca, 'PlotBoxAspectRatio',[(xmax-xmin)/(ymax-ymin) 1 1],'XLim',[xmin xmax],
```

'YLim',[ymin ymax],'ZLim',[0 1]); % 图形范围和比例

　　ab = 15;xlabel('{\itx}/m','fontsize',ab); % x 轴的名称和字号

　　ylabel('{\ity}/m','fontsize',ab); % y 轴的名称和字号

　　title('地形海拔高度云图(m)','fontsize',ab); % 标题的名称和字号

　　知识点：多维插值函数 TriScatteredInterp、云图绘制函数 contourf

　　代码解读：

　　代码运行结果如图 4-8 所示，展示了该区域的地形海拔高度等高线云图。

　　1. 下载目标区域的地形海拔数据。本例中将其保存为 Terrain Data.dat 文件，并读取地形文件。

　　2. 根据地形数据识别区域并生成矩形网格节点，利用 TriScatteredInterp 函数插值计算地形海拔高度。

　　3. 利用 contourf 函数绘制地形海拔高度云图，进行图片属性设置。

图 4-8 【例 4-2】的运行结果

4.3 不规则几何外形云图

　　以上数据处理和云图绘制均是在矩形区域内进行，然而在实际数据分析时，用户有时会需要针对不规则几何外形进行数据处理并绘制云图。本节介绍针对不规则几何外形的云图绘制方法。

4.3.1 绘制原理

　　针对不规则几何外形云图的绘制，其核心问题在于判断网格节点是否处于云图绘制区域内。如果是，则正常计算；如果不是，则可设置其物理值为 NaN。然后利用 contourf

函数绘制云图。

在 MATLAB 中，可利用 inpolygon 函数判断某个节点是否处于某个闭合多边形区域内，其使用方式如下：

$$>>\text{inpolygon}(x,y,\text{bound\_}x,\text{bound\_}y)$$

其中 x、y 为节点坐标，bound_x、bound_y 为闭合多边形区域的坐标。当节点位于闭合区域内时，函数返回值为 1；当节点位于闭合区域外时，函数返回值为 0。

编者针对【例 4-1】进行了修改，读者可运行下面的代码进行查看：

```
clear all;close all；ᵇ 清除变量,关闭绘图窗口
ᵇ ᵇ构造矩形区域规则节点,如有实测数据可以将其替换
xmin = 0;xmax = 2;ymin = 0;ymax = 1;ᵇ矩形区域范围
xl = linspace(xmin,xmax,101)';ᵇ 自变量 x 取值,一般分成 100 份即可
yl = linspace(ymin,ymax,101)';ᵇ 自变量 y 取值
[X,Y] = meshgrid(xl,yl);ᵇ构造规则网格节点
ᵇ ᵇ构造矩形区域规则节点对应的数据,随意构造一个函数 Fxy(x,y),绘制 Fxy 的云图
Fxy = sin(pi * X). * cos(pi/2 * Y) + sin(pi/2 * X);ᵇ 二维函数表达式
ᵇ ᵇ假定需要绘制的边界并非矩形,而是任意形状
ᵇ bound = [0.5,0;1.5,0;1.5,0.5;0.5,0.5;0.5,0];ᵇ边界节点坐标,也可以通过读
取边界文件获得,第 1 种边界,矩形边界
bound_x = linspace(0.5,1.5,101)';bound_y = cos(pi * (bound_x-1)/2).^2-0.5;bound =
[bound_x,bound_y;0.5,0];ᵇ第 2 种边界,余弦函数边界
Inner_points = zeros(size(Fxy));ᵇ用于判断 Fxy 的节点是否在边界内,1 表示在,0
表示不在
for i = 1:size(Fxy,1) ᵇ 行循环
    for j = 1:size(Fxy,2) ᵇ 列循环
        x0 = X(i,j);y0 = Y(i,j);ᵇ x、y 坐标
        in = inpolygon(x0,y0,bound(:,1),bound(:,2));ᵇ判断点是否在多边形边
界内部
        if in = = 1
            Inner_points(i,j) = 1;ᵇ 如果在内部,对应变量赋值为 1
        end
    end
end
 aa = find(Inner_points = = 1);Fxy(aa) = NaN;ᵇ将在边界 bound 内的节点的 Fxy 值
赋值为空
    ᵇ ᵇ云图绘制
    ᵇ [C,h] = contour(X,Y,Fxy,20);ᵇ等高线图
    [C,h] = contourf(X,Y,Fxy,20,'w-');ᵇ等高线云图
    shading flat;ᵇ平滑过渡
    colorbar;ᵇ调出颜色对应的色棒
```

```
colormap('hot'); % 设置 colormap
caxis([-0.4 1.6]); % 设置色棒的数值范围
colorbar('ytick',[-0.4:0.4:1.6]); % 设置色棒的刻度值
set(gca,'FontName','Times New Roman','FontSize',12); % 字体和字号
% set(gcf,'outerposition',get(0,'screensize')); % 窗口最大化
set(gca, 'PlotBoxAspectRatio',[(xmax-xmin)/(ymax-ymin) 1 1],'XLim',[xmin xmax],
'YLim',[ymin ymax],'ZLim',[0 1]); % 按比例绘图
ab = 15;xlabel('{\itx}/m','fontsize',ab); % x 轴的名称和字号
ylabel('{\ity}/m','fontsize',ab); % y 轴的名称和字号
title('函数等高线云图','fontsize',ab); % 标题的名称和字号
```
知识点：二重 for 循环、if 判断、多边形判断函数 inpolygon
代码解读：

代码运行结果如图 4-9 所示，展示了不规则几何外形云图绘制。

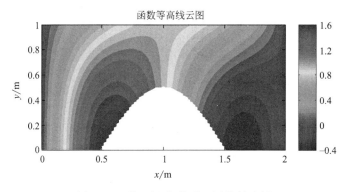

图 4-9　不规则几何外形云图绘制示例

该代码原理在于构造与 X、Y、Fxy 维度相同的矩阵，并通过二重 for 循环判断每个节点是否处于闭合多边形边界 bound 内，再利用 find 函数查找在边界内的节点，赋值为 NaN。上面的代码提供了矩形边界和余弦函数边界两种不规则几何外形，读者可分别运行代码自行体会。

注意，此处的代码包含了二重 for 循环以及循环内的 if 判断，主要为了帮助读者了解 for 循环和 if 判断的应用。实际上，以上代码中关于"%% 假定需要绘制的边界并非矩形，而是任意形状"的代码部分，可用下面的代码进行简化：

```
bound_x = linspace(0.5,1.5,101)';bound_y = cos(pi * (bound_x-1)/2).^2-0.5;bound =
[bound_x,bound_y;0.5,0]; % 第 2 种边界
Inner_points = inpolygon(X,Y,bound(:,1),bound(:,2)); % 边界内部点判断
aa = find(Inner_points = = 1);Fxy(aa) = NaN; % 在边界内部的函数值赋值为 NaN
```

4.3.2　实践：复杂地形切片风速云图

在某些研究领域，有时需要针对三维空间的物理量进行直观展示，此时便可以利用切片云图的绘制进行展示。基于上述所学知识，下面以三维风场模拟数据处理为例，完成复

杂地形切片风速云图绘制的练习。

【例 4-3】针对一个自定义的长方体区域 $\{x=[-100，100]，y=[-100，100]，z=[0,100]\}$，自定义风剖面函数为 $U(x，y，z)=10(z/10)^{0.15}$，假设地形高程按照函数 $\max(10\cos(0.03x)，0)$ 进行波动，请绘制该复杂地形区域内切片的风速云图。

代码如下：

```
clear all;close all;clc; %清除变量,关闭绘图窗口,清除命令窗口历史命令
%%构造数据,若模拟,则 zground 和 alldata 均已知,分别表示地形高度和模拟风场数据[x,y,z,U]
xmin = -1e2;xmax = 1e2;ymin = -1e2;ymax = 1e2; % x 和 y 的范围
zmin = 0;zmax = 100; % z 的范围
xl = linspace(xmin,xmax,51)'; % x 一维坐标
yl = linspace(ymin,ymax,51)'; % y 一维坐标
zl = linspace(zmin,zmax,51)'; % z 一维坐标
[X,Y,Z] = meshgrid(xl,yl,zl); % 三维网格形式矩阵
x = reshape(X,[],1); % 变换为列矩阵形式,x 坐标
y = reshape(Y,[],1); % y 坐标
z = reshape(Z,[],1); % z 坐标
Uxyz = 10 * (z/10).^0.15; %定义风速剖面,指数律形式,标准 B 类地貌
terrain = max(10 * cos(0.03 * x),0); %[x,y,z],定义地面高度,假设为已知的地面海拔数据
alldata = [x,y,z + terrain,Uxyz]; %[x,y,z,U],假设为已知的风场模拟数据
terrain = unique([x,y,terrain],'rows'); %剔除地形中的重复数据
clear xl yl zl x y z X Y Z Uxyz zmin zmax ymin ymax %清除不需要的变量
%%设置切片参数
yc = 0; % 切片的位置
Nx = 151;Nz = 81;zmin = 0;zmax = 50; % 切片的高度范围为[0,50m]
xl = linspace(xmin,xmax,Nx)'; % x 一维坐标
zl = linspace(zmin,zmax,Nz)'; % z 一维坐标
[X,Z] = meshgrid(xl,zl); % 切片绘图的网格坐标
Y = repmat(yc,size(X)); % Y 矩阵,用于插值
%%插值
Fground = TriScatteredInterp(terrain(:,1),terrain(:,2),terrain(:,3)); % 地形海拔高度插值函数
Z_terrain = Fground(X,Y); % 计算地形海拔高度插值结果
FU = TriScatteredInterp(alldata(:,1),alldata(:,2),alldata(:,3),alldata(:,4)); % 风速插值函数
U = FU(X,Y,Z); % 计算平均风速插值结果
%%剔除地形以下的数据
U(Z<Z_terrain) = nan;
```

```
%%绘图
[C,h]=contourf(X,Z,U,20,'w-'); %等高线云图
shading flat; %平滑过渡
colorbar; %调出颜色对应的色棒
caxis([0 12]); colorbar('ytick',[0:3:12]); % 色棒范围和刻度
set(gca,'FontName','Times New Roman','FontSize',12); % 字体和字号
set(gca,'PlotBoxAspectRatio',[(xmax-xmin)/(zmax-zmin) 1 1],'XLim',[xmin xmax],
'YLim',[zmin zmax],'ZLim',[0 1]); % 图形范围和比例
ab=15;xlabel('{\itx}/m','fontsize',ab); % x 轴的名称和字号
ylabel('{\itz}/m','fontsize',ab); % y 轴的名称和字号
title('风速分布云图(m/s)','fontsize',ab); % 标题的名称和字号
```

知识点： 不规则几何外形云图绘制、矩阵重组函数 **reshape**、矩阵唯一函数 **unique**、三维矩阵

代码解读：

代码运行结果如图 4-10 所示，展示了复杂地形切片风速分布云图。

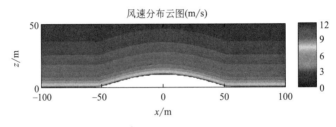

图 4-10 【例 4-3】的运行结果

1. 获取地形数据和风场数据。为方便读者运行代码，此处根据自定义规则创造地形数据 zground 和风场数据 alldata。生成三维网格节点数据，并利用 reshape 函数将坐标矩阵变换为列向量。按照《建筑结构荷载规范》GB 50009—2012 中的标准 B 类地貌假定平均风速剖面，忽略地形对风场的影响，获取风场数据，并假定地形按照余弦函数规律变化。由于三维网格坐标对应的地形有重复，因此利用 unique 函数去除重复的行。利用 clear 函数清除不需要的多余变量。注意，此处如果读者对于数据理解有一定困难，可以忽略数据生成的过程。假定已有的数据为地形海拔高度数据 zground 和风场数据 alldata，其中 zground 矩阵为 $N \times 3$ 列，表示 N 个节点的 x、y、z 坐标，alldata 矩阵为 $N \times 4$ 列，表示 N 个节点的 x、y、z 坐标以及对应的风速大小。当然，alldata 也可以用其他物理量进行替代，例如空气温度、污染物浓度等。

2. 设定待绘制的切片相关参数。此处假定切片为平行 x 轴，位置为 $y=0$ 处，设定高度 $[0m, 50m]$ 范围内的切片，划分网格并绘制风速云图。

3. 根据切片的网格，通过插值函数计算每个网格节点的地形海拔高度，同时计算每个网格节点的风速大小。由于划分的网格是矩形区域内的规则节点，而地形并非平坦，因此需要判断处于地形以下的网格节点，并将对应的风速赋值为 NaN 值。这个思路与第 4.3.1 节中用 inpolygon 函数是一致的，只是针对本例的情况进行了代码简化，直接利用

逻辑判断"Z<Z_terrain"找到在地形以下的节点，然后直接将这些节点的风速 U 赋值为 nan。

4. 绘制切片的风速分布云图，并设置图形属性。

4.4 本章小结

本章介绍了 MATLAB 云图绘制的相关知识点，并详细阐述了插值函数的使用方法，具体包含以下几方面的内容：

1. MATLAB 的等高线图和云图绘制函数 contour、contourf，详细介绍了云图属性的设置方法，并设置了对应的矩形区域网格节点云图绘制实践案例。

2. MATLAB 的插值函数，包括一维插值、二维插值、三维插值，并通过实际复杂地形等高线云图绘制的练习帮助读者熟悉对于二维插值函数的使用。

3. MATLAB 的不规则几何外形云图绘制，利用复杂地形切片风速云图绘制的案例帮助理解三维插值函数的使用以及不规则外形云图的绘制思路与方法。

通过本章内容的学习，读者不仅可以掌握 MATLAB 中插值函数的使用方法，而且能够提升高级云图绘制的编程方法。

第 5 章

MATLAB绘图之动画制作

前面章节介绍了 MATLAB 中二维图形和三维图形的绘制方法。事实上,当物理量随时间不断变化时,仅用二维图形和三维图形无法展示数据变化的规律,此时可以利用 MATLAB 强大的动画制作功能,将随时间变化的图形制作成动画。本章主要介绍 MATLAB 中的动画制作方法,并设置了 3 个巧妙而有趣的实践案例帮助读者加深理解。

5.1 云图动画制作

在低版本的 MATLAB 中,可通过 movie2avi 函数将随时间变化的句柄图形窗口内容保存为动画。而在高版本的 MATLAB 中,则需结合 VideoWriter 函数和 writeVideo 函数来实现这一功能。本节将介绍 MATLAB 中动画制作的原理,并借助三维曲面云图动画制作的练习帮助读者熟悉动画制作的完整流程。

5.1.1 动画制作原理

MATLAB 中动画制作的原理在于:通过绘图命令得到 figure 绘图窗口内容,然后通过 getframe 函数获取图形 gcf 内容,将其保存到变量中;接着,依次保存每个时刻的 gcf 内容;最后利用 movie2avi 函数或 VideoWriter 函数将不同时刻的图形制作生成视频文件。除此之外,MATLAB 软件中还可通过 imwrite 函数将图片保存为 gif 动图。

5.1.2 三维曲面云图动画

MATLAB 中提供了一个关于三维曲面云图的动画制作算例,利用内置的 peaks 函数获取数据,并采用 surf 函数绘制和制作三维曲面动图。编者在该算例的基础上进行了改进,添加了云图动画保存的功能。程序的完整代码如下:

```
clear all;close all; % 清除变量,关闭绘图窗口
surf(peaks); % 调用内置的 peaks 内容,绘制三维曲面
```

```
M = [ ]；% M 矩阵用于保存每帧图形的内容,矩阵初始化
for i = 1:40 % 时间循环,40 个时间步
    surf(sin(2 * pi * i/40) * peaks,peaks)；% 构造随时间正弦变化的数据
    axis([0,40,0,40,-6,6])；% 设置坐标范围
    M = [M,getframe(gcf)]；% 存储绘图窗口
end
% movie(M,2,20)；% 预览动图效果,2 为遍数,20 为 fps
% % 方法 1,适用低版本 MATLAB
movie2avi(M,'my.avi','compression','None','fps',20)；% 保存 .avi 视频,视频不压缩,
帧率 fps 为 20
% % 方法 2,适用高版本 MATLAB
% writerObj = VideoWriter('my.avi')；% 定义一个视频文件用来存动画
% writerObj.FrameRate = 20；% 设置帧数
% open(writerObj)；       % 打开视频文件
% writeVideo(writerObj,M)；% 将帧写入视频
% close(writerObj)    % 关闭视频文件句柄
```

知识点：三维曲面函数 surf、动画制作函数 movie2avi、动画制作函数 VideoWriter 和 writeVideo

代码运行结果如图 5-1 所示，此处仅展示了动画的某一帧。

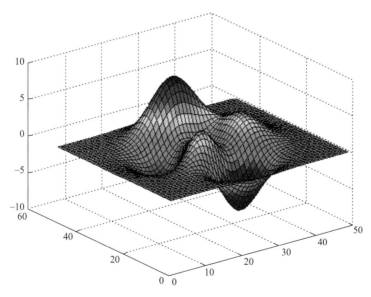

图 5-1　三维曲面云图示例

该程序通过变换获得了随时间正弦变化的数据，并利用曲面绘图函数 surf 绘制三维曲面，然后利用 getframe 函数获取 gcf 图片信息，保存到变量 M 中，接着利用 movie2avi 函数将该动画过程制作成 my.avi 视频。视频参数可通过 movie2avi 进行设置，适用于低版本的 MATLAB。在高版本 MATLAB 中，movie2avi 函数不再可用，可利用上述程序中的

方法 2 实现视频动画的制作。

值得一提的是，在 MATLAB 三维图形的属性设置中，坐标轴、标题、标注等信息均可按类似二维图形的方式进行设置，读者可根据前面章节的知识进行尝试。

5.2　动画制作实践案例

为了便于读者掌握更多 MATLAB 动画制作的高级方法，本节提供了 3 种动画制作实践案例，包括不规则几何外形风压分布云图动画、心形曲线绘制过程动画、手写姓名过程动画。

5.2.1　实践：不规则几何外形风压分布云图动画

在某些时候用户不仅需要绘制不规则几何外形的云图，而且需要记录其随时间的变化过程，从而直观查看某些物理现象，并借此揭示物理现象的本质。本节提供了关于不规则几何外形风压分布云图动画制作的实践练习。

【例 5-1】假设已有某矩形区域网格节点的风压时程数据，其内具有不规则几何外形的障碍物，请绘制风压分布云图并制作随时间变化的动画视频。

代码如下（适用于高版本 MATLAB）：

```
clear all;close all; % 清除变量,关闭绘图窗口
% % 加载数据(如果已有数据,可以按照这种格式进行保存,然后加载.mat 文件)
% % 风压时程数据 Pressure_history.mat,其中变量只有 Pressure_history
% % Pressure_history 第 1-2 列表示所有节点的[x,y]坐标
% % Pressure_history 第 3 列开始,每一列表示所有节点的某个时刻的时程数据,本例表示风压时程
% load('Pressure_history.mat'); % 是一个 Np * (2 + Nt)的矩阵,Np 表示节点数目,Nt 表示时程数目
% % 为了避免程序无法运行,此处利用函数生成风压时程数据
xmin = 0;xmax = 2;ymin = 0;ymax = 1; % 定义云图绘制范围
xl = linspace(xmin,xmax,41)'; % x 一维坐标
yl = linspace(ymin,ymax,31)'; % y 一维坐标
[X,Y] = meshgrid(xl,yl); % 网格数据
x = reshape(X,[],1);y = reshape(Y,[],1);Np = length(x); % 得到节点坐标
Nt = 50; % 定义时程数据长度
% % 风压时程,由于没有数据,因此自己定义
t = [1:Nt];t = repmat(t,length(x),1); % 时间
fxy = 1 * (cos(2 * x)-sin(y * 4));fxy = repmat(fxy,1,Nt); % 函数定义,N × Nt
Pt = fxy. * sin(t * pi/Nt/2);% 添加随时间正弦波动权重
zmax = ceil(max(Pt,[],'all'));zmin = floor(min(Pt,[],'all')); % 2018 以后的版本用
```

```matlab
Pressure_history = [x,y,Pt]; %将坐标和时程数据组合,提供数据格式参考
%%定义边界坐标,也可以读取边界文件
bound_x = linspace(0.5,1.5,101)';bound_y = cos(pi * (bound_x-1)/2).^2-0.5;bound
=[bound_x,bound_y;0.5,0]; % 自定义边界
% bound = dlmread('边界点坐标.dat','',1,0); % 读取边界文件
%%获取待插值的网格点
x0 = linspace(xmin,xmax,201)';y0 = linspace(ymin,ymax,101); %节点数量可自定义
[X,Y] = meshgrid(x0,y0); % 绘图的网格坐标
%%判断在边界内的节点
bound_in = inpolygon(X,Y,bound(:,1),bound(:,2)); % 在边界内函数返回1,否则函
数返回0
bound_in_points = find(bound_in = = 1); %查找在边界内的节点
%%制作动图
tic; %开始计时
for i = 1:Nt %根据需要选定哪些时刻进行绘制
    set (gcf,'Position',[100,200,600,500], 'color','w'); %设置绘图窗口大小,可自
行调整
    %%根据散点插值;适用于任意散点
    data = [Pressure_history(:,1:2),Pressure_history(:,i + 2)]; %某个时刻的
所有节点数据 [x,y,Pt_i]
    [X,Y,Z_u] = griddata(data(:,1),data(:,2),data(:,3),x0,y0,'cubic'); % 网格
插值,cubic 插值方法
    %%将边界内的值设置为 NaN 空值
    Z_u(bound_in_points) = nan;
    %%绘图
    [C,h] = contourf(X,Y,Z_u,20,'linestyle','none');shading flat; % 云图绘制
    set(colorbar('SouthOutside')); %设置色棒在图形底部
    caxis([zmin zmax]); %定义色棒的刻度范围
    set(gca,'FontName','Times New Roman','FontSize',12); %定义字体和字号
    set(gca, 'PlotBoxAspectRatio',[(xmax-xmin)/(ymax-ymin) 1 1],'XLim',[xmin
xmax],...
    'YLim',[ymin ymax],'ZLim',[0 1]); %定义云图范围及比例;当代码过长,可使用符
号"..."设置换行,则下一行代码与本行代码为一体,也可设置多行代码的换行
    ab = 15;xlabel('{\itx}/m','FontName','Times New Roman','fontsize',ab); % x轴的
名称、字体和字号
    ylabel('{\ity}/m','FontName','Times New Roman','fontsize',ab);  % y轴的名称、
字体和字号
    set(gca,'xtick',[xmin:0.2:xmax],'ytick',[ymin:0.1:ymax]); % x、y轴刻度,这
个刻度可以根据情况定义
```

```
        str = "Time (s)," + num2str(i,'%02d'); %如果是 3 位数,改成 %03d
        title(str,'FontName','Times New Roman','fontsize',ab); %标题的名称、字体和
字号
        M(i) = getframe(gcf); %保存当前图片窗口
    end
    timeelapse = roundn(toc,-1); %结束计时,保留一位小数点
    fprintf(strcat('耗时 = ',num2str(timeelapse),'秒\n')); % 在屏幕中输出耗时
    % %将结果保存为视频
    % movie2avi(M, 'my. avi', 'compression', 'None','FPS',2); % Matlab 低版本使用
    %适用于高版本 Matlab
    writerObj = VideoWriter('my. avi','Uncompressed AVI'); %定义一个视频文件用来存
动画
    writerObj. FrameRate = 2; %设置帧数
    open(writerObj);      %打开视频文件
    writeVideo(writerObj,M); %将帧写入视频
    close(writerObj)      %关闭视频文件句柄
```

知识点：不规则外形云图动画制作、多行代码换行、矩阵最大值函数 **max**、程序耗时函数 **tic** 和 **toc**

代码解读：

代码运行后自动生成 my. avi 视频文件,记录了风压分布云图随时间变化的规律,运行结果如图 5-2 所示。

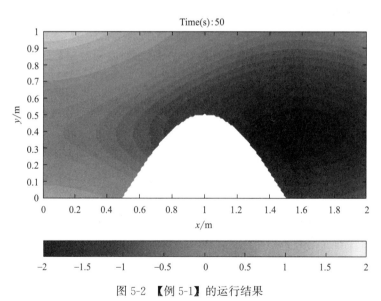

图 5-2 【例 5-1】的运行结果

1. 加载风压时程数据。若有实测数据,可以提前保存在 Pressure_history. mat 文件中,其中变量只有 Pressure_history,数据第 1~2 列为所有节点的 x、y 坐标,第 3 列开始,记录每个节点的某时刻的风压时程。本例为了方便,采用函数生成风压时程数据。风

压时程数据包括 Nt 个时间步，x 方向 41 个节点，y 方向 31 个节点，函数方式采用自定义的函数，结合随时间正弦变化的幅值拟定风压时程变量 Pt。利用 max 函数获取风压时程的上限和下限，按照固定格式保存 Pressure _ history 变量。

2. 假定数据区域内存在不规则几何外形，可采用自定义方式，也可读取边界文件。此处为了方便采用前者，定义了余弦形式的不规则几何外形 bound 变量。生成了矩形区域的网格节点，并判断处于 bound 边界内的节点，将其函数赋值为 NaN。

3. 根据时间步进行循环，绘制每个时间步的风压分布云图。设定绘图窗口大小，利用 griddata 函数插值得到矩形网格节点的风压值，并设置 bound 边界内的风压值为 NaN，然后进行绘图。色棒设置在底部，添加随时间变化的标题名称。

4. 将每次循环的图片保存到变量 M 中。此处，利用 tic 和 toc 功能记录了程序耗时，耗时为 toc 和 tic 之间的间隔秒数，赋值给 timeelapse 变量。利用 num2str 函数将 timeelapse 变量转换为字符串格式，并在屏幕中输出程序的耗时，耗时保留一位小数点。最终，利用 VideoWriter 相关函数将动画过程制作为 my. avi 视频文件，相关参数读者可自行改变查看效果。

本案例的核心在于将不规则几何外形云图绘制与视频制作相结合，实现不规则几何外形风压分布云图的动画制作。该案例的程序框架和代码同样适用于实测或模拟的数据。

5.2.2　实践：心形曲线绘制过程动画

【例 5-2】心形曲线的绘制过程视频制作。

代码如下：

```
clear all;close all; % 清除变量,关闭绘图窗口
xmin = -1.5;xmax = 1.5;ymin = -2;ymax = 0.5;% 设置坐标范围
%%构造元胞单元存储每一笔画,每个单元内部存储该笔画的绘制坐标
xy_all = cell(1,5); % 由于本例可以一笔画成,因此只有一个元胞数组
%第一笔画
ib = 1; % ib 表示第几画
theta = linspace(0.5,-1.5,101)' * pi; % 角度变量 theta
r1 = 1 + cos(theta + pi/2); % 半径变量 r1
x12 = r1. * cos(theta); % x 坐标
y12 = r1. * sin(theta); % y 坐标
xy_temp = [x12,y12]; % 心形曲线的 x、y 坐标
xy_all{ib} = xy_temp; % x、y 坐标存储到元胞数组
%%循环绘制每个笔画
M = []; % 绘图窗口内容初始化
set(gcf,'color','black');% 设置背景为黑色,效果更好
for i = 1:size(xy_all,2) % 循环处理每个笔画
    xy = xy_all{i}; % 拾取 x、y 坐标
    for j = 1:size(xy,1)-1 % 每两个点画一条直线
        x = xy(j:j + 1,1);y = xy(j:j + 1,2); % 两个点的 x、y 坐标
```

```
        plot(x,y,'-r','linewidth',4); % 绘图,设置线宽
        axis([xmin xmax ymin ymax]); % 设置坐标轴的范围
        axis off; % 不显示坐标轴
        hold on; % 保证在原图片基础上进行
        M=[M,getframe(gcf)]; % 保存图片内容
    end
end
%%加文字
text(-0.9,-0.7,'MATLAB','FontName','Times New Roman','fontsize',50,'color','r');
M=[M,getframe(gcf)]; % 保存图片内容
%%保存视频
movie2avi(M,'my.avi','compression','None','FPS',10); % 低版本 MATLAB
```

知识点：元胞数组 cell、动画制作

代码解读：

代码运行后自动生成 my.avi 视频文件,记录了心形曲线的整个绘制过程,运行结果如图 5-3 所示。

1. 设置绘图的坐标范围,依据本例的心形曲线坐标而定。构造元胞数组,每个单元为一个 2 列的矩阵,记录每个笔画的 x、y 坐标。本例的心形曲线可一笔画成,因此只用 1 个单元存储即可。利用极坐标变换,获取心形曲线的 x、y 坐标,保存到元胞数组变量 xy_all 中。

2. 针对元胞数组进行循环操作,绘制每个连续笔画的书写过程。设置图片背景为黑色,利用 hold on 命令,针对每个笔画的 x、y 坐标,利用第 2 重循环进行逐段

图 5-3 【例 5-2】的运行结果

绘制。记录每帧图形的内容,保存到变量 M 中。最后,添加文字标识,利用 movie2avi 函数将整个心形曲线绘制过程保存为 my.avi 视频文件。

读者可以根据自己的需求和喜好将该代码进行扩展应用,也许可以开发更多、更有趣的功能。

5.2.3 实践：手写姓名过程动画

【例 5-3】手写姓名,提取名字的笔画坐标,并利用 MATLAB 将手写姓名的过程制作为动画。

代码如下：

```
% 读取 Excel 表数据,按笔画顺序绘图,保存成视频
% data:每两列数据表示一个笔画的 x、y 坐标
% xy_all:将 data 中笔画数据存储成元胞数组模式
% M:保存每一帧的笔画绘图用于视频输出
clear all;close all; %清除变量,关闭绘图窗口
xmin=-1;xmax=12;ymin=-1;ymax=6; %绘图区域范围
```

```
％％读取 Excel 表数据,每两列数据表示一个笔画的 x、y 坐标
data = xlsread('data. xlsx');
Nb = size(data,2)/2; ％笔画总数
％％构造元胞数组单元存储每一笔画,每个单元内部存储该笔画的绘制坐标
xy_all = cell(1,Nb); ％元胞数组
for i = 1:Nb ％每个笔画循环处理
    temp = data(:,[1:2] + (i-1) * 2); ％每两列 x、y 数据存储成一个元胞数组元素
    ％由于读取 Excel 表时,每一笔画的点数不同,MATLAB 中用 NaN 表示,因此需剔除
空值
    aa = isnan(temp(:,1)); ％判断是否为空值
    ab = find(aa = = 1); ％寻找空值位置
    temp(ab,:) = []; ％空值所在行的数据全部删除
    xy_all{1,i} = temp; ％删除空值后的笔画坐标保存至元胞数组
end;
％％循环绘制每个笔画
M = []; ％初始化帧的矩阵数据
set(gcf,'color','black'); ％设置背景颜色为黑色
for i = 1:size(xy_all,2) ％循环处理每个笔画
    xy = xy_all{i}; ％每个笔画的所有 x、y 坐标
    for j = 1:size(xy,1)-1    ％每个笔画的每两个 x、y 坐标绘制一次直线,并保存
画面
        x = xy(j:j + 1,1);y = xy(j:j + 1,2); ％两个 x、y 坐标
        plot(x,y,'-r','linewidth',4); ％绘制直线
        axis off; ％删除坐标轴
        set(gca, 'PlotBoxAspectRatio',[(xmax-xmin)/(ymax-ymin) 1 1],...
            'XLim',[xmin xmax],'YLim',[ymin ymax],'ZLim',[0 1]); ％设置坐标范围
及比例
        hold on; ％保存绘图
        M = [M,getframe(gcf)]; ％绘图窗口保存帧
    end
end
％％保存视频,参数可自行设置
movie2avi(M,'MyName. avi','compression','None','FPS',80);
```

知识点: 元胞数组、**NaN** 值、**isnan** 函数、手写名字坐标拾取、动画制作
代码解读:

代码运行后自动生成 my. avi 视频文件,记录了姓名书写的整个绘制过程,运行结果如图 5-4 所示。可以看出,MATLAB 生成的姓名书写图片和视频很好地展示了手写的几乎所有细节。需要说明的是,实现该过程不仅需要用到 MATLAB,而且还需要用到坐标拾取软件。

图 5-4 【例 5-3】的运行结果

1. 在纸上手写姓名或其他文字，甚至图像也可以，然后拍照。利用坐标拾取软件，如 engauge 软件，依次拾取照片中的每一个笔画的关键点坐标，并将其保存在 data. xlsx 表格中，效果如图 5-5 所示。每两列保存一个笔画的 x、y 坐标，由于每个笔画控制点数目不同，因此行数有所区别。程序不会读取表格第 1 行的内容，只是为了方便确定当前坐标归属的笔画序号。本例中的文字笔画总数超过 40，此处仅展示了部分内容。

	A	B	C	D	E	F	G	H	I	J	K	L	M	N	O	P	Q	R
1	笔画1-x	笔画1-y	笔画2-x	笔画2-y	笔画3-x	笔画3-y	笔画4-x	笔画4-y	笔画5-x	笔画5-y	笔画6-x	笔画6-y	笔画7-x	笔画7-y	笔画8-x	笔画8-y	笔画9-x	笔画9-y
2	0.391466	3.60911	1.66283	4.46043	0.915322	2.63789	1.08552	2.47002	1.31598	2.45803	1.31743	1.85851	1.76573	2.03837	1.8629	1.97842	3.30568	2.15827
3	0.464234	3.60911	1.68723	4.40048	0.951647	2.66187	1.10998	2.38609	1.37659	2.47002	1.4386	1.90647	1.70526	1.96643	1.89943	1.91847	3.25728	2.11031
4	0.537001	3.60911	1.72376	4.34053	1.0122	2.69784	1.13444	2.30216	1.44933	2.48201	1.49915	1.94245	1.6569	1.90647	1.9238	1.8705	3.18463	2.06235
5	0.609768	3.60911	1.74816	4.28058	1.07278	2.72182	1.15893	2.20624	1.53416	2.506	1.60818	1.99041	1.57218	1.83453	1.9482	1.81055	3.12414	2.0024
6	0.670408	3.60911	1.76046	4.20863	1.14543	2.76978	1.2077	2.09832	1.6311	2.54197	1.71716	2.06235	1.51174	1.7506	1.94837	1.73861	3.06362	1.95444
7	0.743146	3.6211	1.77274	4.14868	1.21811	2.80576	1.23216	2.01439	1.69165	2.57794	1.82614	2.13429	1.42708	1.65468	1.93648	1.64269	3.00309	1.90647
8	0.827983	3.64508	1.78504	4.07674	1.29076	2.85372	1.24446	1.94245	1.76436	2.60192	1.98362	2.20624	1.34242	1.55875	1.93665	1.57074	2.9547	1.85851
9	0.900722	3.65707	1.79734	4.0048	1.35129	2.90168	1.25679	1.85851	1.83707	2.6259	2.11694	2.24221	1.25778	1.45084	1.92473	1.48681	2.88208	1.79856
10	0.985559	3.68106	1.80964	3.93285	1.424	2.92566	1.25697	1.78657	1.89762	2.66187	2.20169	2.30216	1.17306	1.3789	1.92487	1.42686	2.83368	1.7506
11	1.07042	3.69305	1.79775	3.83693	1.52093	2.96163			1.95818	2.69784	2.28647	2.35012	1.11263	1.29496	1.91295	1.34293	2.7731	1.72662
12	1.15526	3.71703	1.79801	3.72902	1.59361	2.9976			2.05511	2.73381			1.04006	1.21103	1.91312	1.27098	2.7247	1.67866
13	1.2522	3.753	1.79821	3.64508	1.67839	3.04556			2.11566	2.76978			0.955312	1.15108	1.88904	1.19904	2.66418	1.6307
14	1.34913	3.78897	1.78629	3.56115	1.77527	3.10552			2.20047	2.80576			0.88269	1.09113	1.88922	1.1271	2.63998	1.60671
15	1.4461	3.81295	1.77437	3.47722	1.87223	3.1295			2.27315	2.84173			0.797998	1.00719	1.86514	1.05516		
16	1.54306	3.83693	1.76244	3.39329	1.95701	3.17746			2.35796	2.8777			0.74969	0.923261	1.85318	0.983213		
17	1.6279	3.86091	1.75055	3.29736	2.0903	3.22542			2.41854	2.90168			0.689283	0.827338	1.84123	0.911271		
18	1.72487	3.88489	1.73862	3.21343	2.16304	3.23741			2.49131	2.90168			0.628818	0.755396	1.8414	0.839329		
19	1.7976	3.89688	1.72667	3.14149	2.23575	3.26139			2.45507	2.84173			0.556196	0.695444	1.82945	0.767386		
20	1.90667	3.93285			2.30852	3.26139			2.43096	2.78177			0.483662	0.59952	1.8175	0.695444		
21	2.00363	3.95683			2.38128	3.26139			2.39475	2.70983					1.81767	0.623501		
22	2.1006	3.98082			2.3935	3.22542			2.3707	2.6259					1.81785	0.551559		
23	2.23392	4.01679			2.39359	3.18945			2.33449	2.55396					1.81796	0.503597		
24	2.35514	4.04077			2.34516	3.15348			2.32251	2.494					1.85432	0.515588		
25	2.47633	4.07674							2.29845	2.41007					1.91484	0.563549		
26	2.57327	4.11271							2.27434	2.35012					1.96318	0.635492		
27	2.6581	4.13669													2.02361	0.719424		
28	2.73078	4.17266													2.05985	0.779376		
29																		

图 5-5 【例 5-3】中 data. xlsx 表格内容示意

2. 设定绘图区域范围，可根据所有控制点的最小和最大坐标确定并自行调整。此处非常关键，否则 MATLAB 制作的文字可能会被竖向拉伸，导致失真。

3. 读取 Excel 表格内容。由于不同笔画的行数不同，因此部分坐标读取时，为了保证矩阵形式，没有数据的内容会用 NaN 值替代。此处为了保证后续坐标绘制的连贯性，利用 isnan 函数依次查找每个笔画坐标中的 NaN 值，然后利用 find 命令找到 NaN 值所在行，全部删除，将每个笔画的坐标保存到元胞数组内。

4. 依次绘制每个笔画，设置参数并保存笔画书写的过程为视频文件。

对比【例 5-2】和【例 5-3】可知，两个案例的本质一样，都是利用元胞数组保存笔画的控制点坐标。区别在于【例 5-3】更为复杂，需要利用其他方式获取手写文字的坐标信息，并且需要针对 NaN 值进行特殊处理，保证程序能够正常运行。

5.3　本章小结

本章介绍了 MATLAB 动画绘制的相关知识点，并详细阐述了 3 个动画制作的实践案例，具体包含以下几方面的内容：

1. MATLAB 的云图动画制作，介绍了动画制作的原理，并利用三维曲面云图动画制作案例详细介绍了视频制作的全部流程。

2. MATLAB 的 3 个动画制作实践案例，包括不规则几何外形风压分布云图动画、心形曲线绘制过程动画、手写姓名过程动画。

通过本章节内容的学习，读者不仅能够掌握 MATLAB 中动画制作的方法，而且还能借助实践案例了解 MATLAB 编程中的元胞数组、NaN 值处理等方法，可以有效提高数据筛选的能力。

第6章 数据拟合

数据拟合又称为曲线拟合，俗称拉曲线，是一种把现有散点数据代入一条数学方程式的表示方式。科学和工程问题可以通过诸如采样、实验等方法获得若干离散的数据，根据这些数据，我们往往希望得到一个连续的函数或者更加密集的离散方程与已知数据相吻合，这个过程就叫作数据拟合。数据拟合是数据分析中不可或缺的一种研究方法，可以从不规则的离散数据中抽取出其内在的函数关系式。本章主要介绍 MATLAB 中数据拟合的几种方法，并借助多个与数据拟合相关的实践案例帮助读者进行知识点的巩固与强化。

6.1　数据拟合方法

数据的拟合过程通常是一个优化问题，在给定函数形式的条件下，通过优化算法确定适用于描述已有散点数据的最佳函数参数。MATLAB 中自带函数拟合的工具箱，使用非常便捷，同时还提供了其他函数可用于数据拟合。本节主要介绍 cftool 工具箱拟合、lsqcuirvefit 函数拟合、polyfit 函数拟合 3 部分内容。其中 cftool 工具箱和 lsqcuirvefit 函数适用于拟合任意形式的函数，而 polyfit 函数主要用于多项式的拟合。

6.1.1　cftool 工具箱拟合

在 MATLAB 的命令窗口输入 cftool 命令，可调出 cftool 工具箱，工具箱的工作界面如图 6-1 所示。

在该窗口中，左侧可以指定拟合的数据，这可以从工作空间中选择已有的变量。例如，运行如下代码，在工作空间中生成变量 x 和 y，然后即可在左侧数据 X data 选中变量 x，Y data 选中变量 y。

```
x = rand(51,1) * 2;
y = x + rand(51,1) * 0.2;
```

接着，在中间可以指定拟合的函数类型，包括 Custom Equation、Exponential、Fourier、Gaussian、Interpolant、Polynomial、Power、Rational、Smoothing Spline、Sum of Sine、Weibull。其中，Custom Equation 表示用户自定义函数，理论上可拟合任意形式的函数；Exponential 表示指数函数，可拟合双参数或三参数的指数函数；Fourier 表示傅里叶函数，可选择最少 1 项、最多 8 项；Gaussian 表示高斯函数，可选择最少 1 项、最多 8 项，1 项时包括 3 个待定参数；Interpolant 表示插值函数，可选择 Nearest neighbor（邻近法）、Linear（线性插值法）、Cubic（立方插值法）、Shape preserving（PCHIP 插值法）；Polynomial 表示多项式函数，可选择最少 1 阶、最多 9 阶；Power 表示幂函数，可选择最少 1 阶、最多 2 阶；Rational 表示有理数逼近法，分子中的变量最高次方可取 0～5，分母中变量的最高次方可取 1～5；Smoothing Spline 表示样条插值函数，可指定样条参数；Sum of Sine 表示正弦求和函数，可指定最少 1 项、最多 8 项；Weibull 表示韦伯函数。每种函数的功能效果读者可选中后自行体会。

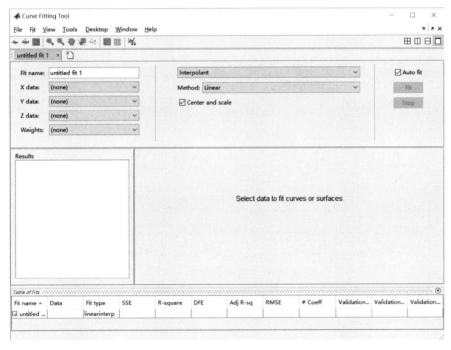

图 6-1　cftool 工具箱的工作界面

此处可选中 Polynomial 函数，指定 1 阶，工作界面的中间自动显示拟合的结果，如图 6-2 所示。其中直线表示拟合的函数，散点表示实际数据。本例拟合效果非常好，散点大多分布在拟合直线的两侧，且差异较小。

在左侧的 Results 窗口中，可以查看拟合的参数信息以及误差评估信息，其中误差评估包括 SSE、R-square、Adjusted R-square、RMSE。

利用 cftool 工具箱的拟合过程操作简单，对于新用户非常友好。但若数据量过多，则需要用代码实现拟合过程，以提升效率。cftool 工具箱提供了代码生成的功能。完成上述拟合后，点击工具箱窗口的【File】-【Generate Code】，即可生成一个默认名称的程序代

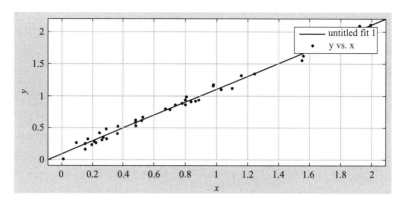

图 6-2　cftool 工具箱拟合结果示意

码。该程序为函数调用形式，输入参数即为拟合的对象自变量 x 和因变量 y。若读者不希望用函数调用的形式进行拟合，也可以将该函数的核心代码复制到主程序中，其中核心代码如下：

```
% % Fit: 'untitled fit 1'.
[xData, yData] = prepareCurveData( x, y );
% Set up fittype and options.
ft = fittype( 'poly1' );
opts = fitoptions( ft );
opts.Lower = [-Inf -Inf];
opts.Upper = [Inf Inf];
% Fit model to data.
[fitresult, gof] = fit( xData, yData, ft, opts );
```

该段代码中，首先利用 prepareCurveData 函数将自变量 x 和因变量 y 进行预处理，得到变量 $xData$ 和 $yData$。然后，利用 fittype 函数定义拟合类型。这与工具箱界面中选择的拟合函数是对应的，也可以直接在这里进行修改。最常用的功能是自定义函数表达式命令，代码如下：

```
>>ft = fittype( '函数表达式', 'independent', 'x', 'dependent', 'y' ); % 一维变量拟合
>>ft = fittype( '函数表达式', 'independent', {'x', 'y'}, 'dependent', 'y' ); % 二维
```
变量拟合

接着，定义函数拟合的相关参数，包括拟合的上下限、初值等，通常采用默认参数即可。当然，有时初始点对拟合结果的影响非常大，例如分母可能存在为 0 的情况，此时需要特别注意。最后，利用 fit 函数进行拟合，返回 fitresult 和 gof 两个参数变量。其中 fitresult 是拟合结果，为函数形式，gof 是拟合的误差评估指标。利用 coeffvalues 函数可以读取拟合结果中的待定参数，用法如 coeffvalues（fitresult）。拟合结果的使用方式类似自定义 syms 符号函数，如 fitresult（自变量），可获取指定自变量下的函数拟合结果。

6.1.2　lsqcurvefit 函数拟合

在 MATLAB 中还可以使用 lsqcurvefit 函数拟合任意形式的函数，使用方式如下：

>>[参数,拟合函数残差]＝lsqcurvefit(函数表达式,初值,x,y)

该函数利用最小二乘法的原理进行拟合,返回两个变量,即拟合的参数和拟合函数残差。在使用时,建议提前对函数表达式进行定义,如下:

>>函数表达式＝@(参数,自变量)表达式内容

例如,func＝@（coef, x）coef（1）＊x.ˆcoef（2）,表示的是两个参数的指数函数。

函数拟合完成后,可利用 func（coef, x）的方式获取在拟合参数和自变量下函数的拟合结果,然后进行后续分析。注意,当自定义函数中使用了类似点乘的方式,则自变量可以输入矩阵形式,否则程序将报错。

6.1.3　polyfit 函数拟合

上述两种拟合方式均可拟合任意形式的函数。如果待拟合函数表达形式为多项式,那么可以利用 MATLAB 中的 polyfit 函数进行拟合,使用方式如下:

>>拟合参数＝polyfit(x,y,多项式阶数);

>>函数值＝polyval(拟合参数,自变量);

读者可以运行下面的代码进行多项式的拟合,代码运行结果如图 6-3 所示。

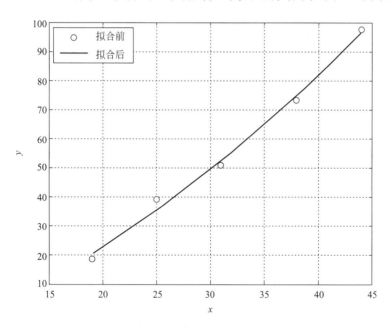

图 6-3　多项式拟合函数 polyfit 结果示意

```
clear all;close all; % 清除变量,关闭绘图窗口
x=[19 25 31 38 44]; % 自变量 x
y=[19.0 39.3 51.0 73.3 97.8]; % 因变量 y
a=polyfit(x,y,2); % 拟合 2 次函数
x0=19:0.1:44; % 待绘制的拟合函数自变量 x
y0=polyval(a,x0); % 返回值 y0 是对应于 x0 的函数值
plot(x,y,'o',x0,y0,'r'); % 绘图
```

```
set(gca,'FontName','Times New Roman','FontSize',12); % 字体和字号
legend('拟合前','拟合后','location','northwest'); % 设置标注和位置
xlabel('\itx'); ylabel('\ity');grid on; % 坐标轴名称,打开网格线
```

6.2 数据拟合实践案例

本节提供了 3 个数据拟合的实践案例，包括风洞试验风场调试数据风剖面拟合、多项式自动拟合、脉动风速功率谱自动拟合。

6.2.1 实践：风洞试验风场调试数据风剖面拟合

在风洞试验之前，通常需要进行风场的调试。因此需要编程自动识别每种工况下的风剖面，并与建筑荷载规范 GB 50009—2012[2] 中的标准地貌风剖面进行对比，以此来判断调试的来流风场是否满足规范中的标准地貌类别要求。本节提供 1 个相关的算例，可自动读取不同高度的风洞试验风场调试实测数据，并将结果拟合指数律风剖面，与规范中的标准 B 类地貌风剖面进行对比。尽管本节的内容比较专业，但是对于读者掌握批量相同格式数据的读写以及数据拟合十分有益。

【例 6-1】某次风洞试验风场调试，测试了不同高度的风场信息，相关数据内容如图 6-4 所示。请编程自动拾取每个高度的平均风速数据，并拟合指数律剖面，判断是否满足标准 B 类地貌，即指数律风剖面系数为 0.15。

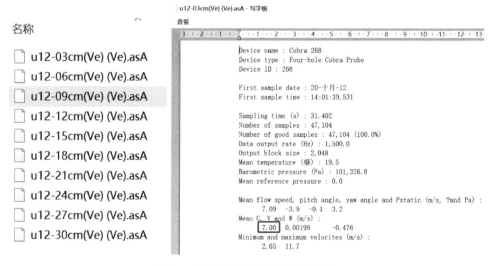

图 6-4 风洞试验风场调试数据示例

代码如下：

```
clear all;close all; % 清除变量,关闭绘图窗口
Dir = cd; % 获取当前路径
Dir = strcat(cd,'\Data\'); % 风场数据保存的路径,在当前路径的 Data 文件夹内
```

```
height = [3 6 9 12 15 18 21 24 27 30]'; %风场调试的高度,单位为 cm
len = length(height);h_ref = 30; %参考高度为 30cm
h_num = find(height = = h_ref); %参考高度对应的序号
%%循环读取每个风场数据中的平均风速 U
for i = 1:len
    fname = strcat(Dir,'u12-',num2str(height(i),'%02d'),'cm(Ve)(Ve).asA'); %文
件名称
    fid = fopen(fname,'r'); %打开文件指针
    dataLine = fgetl(fid); %获取文件行,再次运行时获取内容为下一行
    animator = 1; %控制循环跳出的语句,为 0 时跳出 while 循环
    k = 1; %当前打开的文件所在行
    while (animator = = 1)
        if (k = = 20) %风速数据在文件的第 20 行,因此做 if 判断
            dataArr = regexp(dataLine, '\s * ', 'split'); %读取的是所在行的字符
串,利用空格分割为元胞数组
            U(i) = str2double(dataArr{2}); %风速在元胞数组的第 2 个单元内,转
换为 double 类型
            animator = 0; %让循环跳出
        end
        k = k + 1; %逐行递增
        dataLine = fgetl(fid); %读取该行的字符串
    end
    fclose(fid); %关闭文件指针
end
U = U'; %风速数据
U_ref = U(h_num); %参考高度处风速
Udata = [height/h_ref,U/U_ref]; %[无量纲高度,无量纲风速],方便拟合
%%拟合指数律剖面
[xData, yData] = prepareCurveData(Udata(:,1), Udata(:,2)); %拟合数据预处理
ft = fittype( 'a * x^b', 'independent', 'x', 'dependent', 'y' ); %拟合函数形式,y = a *
x^b
opts = fitoptions( ft ); %设置拟合参数
opts.Display = 'Off'; %不显示拟合过程
opts.Lower = [-Inf -Inf]; %拟合参数下限
opts.Upper = [Inf Inf]; %拟合参数上限
opts.StartPoint = [1 0.2]; %拟合初始点
[fitresult, gof] = fit( xData, yData, ft, opts ); %开始拟合,fitresult 保存拟
合参数,gof 保存拟合误差
%%与标准地貌剖面进行对比
```

```
z = [0:1e-2:1]';  % 无量纲高度
alpha = 0.15;  % 规范中标准 B 类地貌剖面指数,为目标剖面
U_target = z.^alpha;  % 目标剖面
U_fit = fitresult(z);  % 实测数据拟合的指数律剖面
figure;  % 新建绘图窗口
plot(U/U_ref,height/h_ref,'ok',U_fit,z,'-b',U_target,z,'-r',...
     'LineWidth',1,'MarkerSize',8);  % 绘图,代码换行
set(gca,'FontName','Times New Roman','FontSize',12);  % 字体和字号
legend('实测数据','拟合指数律','规范标准 B 类地貌','location','northwest');  % 标注
内容和位置
ab = 12;xlabel('{\itU}/{\itU}_{\itr}','fontsize',ab);  % x 轴的名称和字号
ylabel('{\ith}/{\ith}_{\itr}','fontsize',ab);  % y 轴的名称和字号
axis([0 1.2 0 1]);  % x 轴和 y 轴的范围
```

知识点:目录函数 cd、文件读取函数 fgetl、字符串分割函数 regexp、文件批量读取方法、cftool 工具箱拟合自定义函数

代码解读:

代码运行后自动绘制函数拟合结果,对比效果如图 6-5 所示。

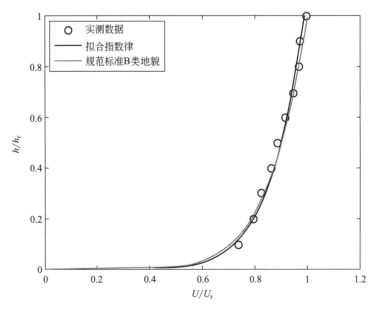

图 6-5 【例 6-1】的运行结果

本例中,需要读取的数据文件包括不同地面高度处的风场信息,包括 3cm、6cm、9cm、12cm、15cm、18cm、21cm、24cm、27cm、30cm 共 10 个高度。每个数据文件,都需要拾取其中的顺风向平均风速 U,在文件中的第 20 行。由于数据文件包括众多的字符串,因此无法使用第 2 章所学习的文件读取函数 load、dlmread、textscan 等,而需要采用 fgetl 函数逐行获取数据内容。最后将所有高度的平均风速进行组合,然后与指数律剖面进行拟合。以下是针对本例问题的解读,读者可以从中提炼出对自己有用的相关知识点。

1. 将所有的数据文件都按规律进行命名，保存在 m 文件路径下的 Data 文件夹中。其中文件命名有规律更利于代码的简化，否则需要将所有文件名保存到一个文本文件中，然后依次读取文本文件，拾取数据文件名称对应的字符串，处理起来相对繁琐。利用 cd 函数获取 m 文件所在的当前路径，然后利用 strcat 函数获取数据文件的路径。定义高度的变量，此处的参考高度取为 30cm，后续处理需要用到参考高度和参考高度处的平均风速大小。利用 for 循环读取不同高度对应的数据文件。由于数据命名规律，因此可以利用 strcat 函数获取。注意，此处的 num2str 函数功能是将 double 类型转换为字符串，其中参数 '%02d' 表示保留 2 位整数，不足位数用 0 来补足。

2. 利用 fopen 函数打开文件指针，根据 fgetl 函数获取指针当前指向的文件行，初始行为文件的第 1 行，通过 fgetl 函数可以让指针不断下移到下一行。此处，fgetl 函数返回的结果是文件行的字符串格式。由于本例只需要读取第 20 行的平均风速 U 的大小，因此利用 while 循环让指针下移到第 20 行。当然，此处用 for 循环也是可以的，读者可以思考一下如果用 for 循环处理代码应该如何进行修改。设置参数 animator，初始值为 1，当读取到第 20 行时，则令其为 0，此时跳出 while 循环。利用 k 变量递增，判断当前读取的行号，若为第 20 行，则对该行的字符串进行分割。分割利用函数 regexp 实现，分割间隔符为空格，返回的分割后字符串存储在元胞数组 dataArr 里面。其中，元胞数组的第 2 个单元便记录了平均风速 U，利用 str2double 函数将其变换为 double 类型，赋值给变量 U 的第 i 个元素。

3. 重复进行数据读取操作，完成后关闭 fid 指针。将读取的平均风速数据进行无量纲处理，高度也进行无量纲化，以便后续进行函数拟合。利用 cftool 工具箱生成的代码，采用自定义的函数定义拟合目标函数，函数表达式为 y＝a * x^b。函数定义采用 fittype 函数，函数拟合使用 fit 函数，拟合结果保存在 fitresult 变量中。对于本例，目标地貌为标准 B 类，无量纲风剖面函数表达式为 y＝x^0.15。因此，此处将实测数据、拟合剖面以及目标剖面三者进行对比。

尽管本例的相关内容比较专业，属于风工程领域的专业知识，读者理解起来难免困难。但读者可借助本例学习批量文件的读取方法，以及数据拟合的实践练习，提炼案例中的核心编程知识点。

6.2.2　实践：多项式自动拟合

在进行函数拟合时，有时不仅需要对比拟合函数逼近实测数据的效果，同时还需要获取拟合函数的参数以及详细表达式。手动书写拟合函数的表达式难免显得麻烦，如果每次变动数据则需要重新书写，因此自动标明拟合函数的表达式显得尤为重要。本例以多项式拟合为例，在函数拟合完成后，可在标注中自动标明拟合函数的各项参数。

【例 6-2】针对给定的任意散点，利用多项式拟合，绘制拟合函数和散点的对比图片，并在标注中自动标明拟合函数的表达式。

代码如下：

```
clear all;close all; % 清除变量,关闭绘图窗口
%% 随意生成一个多项式
x = sort(rand(11,1)) * 2; % 随机生成数据,并排序
```

```
y = 1.2 * x.^3 + 0.2 * x.^2-1.0 * x.^1-2.0 + rand(11,1) * 0.2; % 利用 rand 添加随机扰动
%% 数据拟合
[xData, yData] = prepareCurveData( x, y ); % 数据预处理
ft = fittype( 'poly3' ); % 指定拟合函数为 3 阶多项式,也可用 polyfit 函数拟合
opts = fitoptions( ft ); % 拟合参数设置
[fitresult, gof] = fit( xData, yData, ft, opts ); % 拟合
%% 绘图
x0 = linspace(min(x),max(x),101)'; % 拟合曲线的自变量取值
y0 = fitresult(x0); % 拟合曲线的因变量值
plot(x,y,'o',x0,y0,'r'); % 绘图
set(gca,'FontName','Times New Roman','FontSize',12); % 设置字体和字号
afont = 15;xlabel('{\itx}','fontsize',afont); % x 轴的名称和字号
ylabel('{\ity}','fontsize',afont); % y 轴的名称和字号
%% 构造拟合得到的函数表达式对应的字符串
coef = roundn(coeffvalues(fitresult),-4); % 小数点精确位数
str_fun = '{\ity} = '; % 字符串,y =
str_first = 1; % 用于判断第 1 个系数是否需要去掉'+'
str_sym = ''; % 多项式符号,正数时需要多一个'+'
str_coef = ''; % 多项式系数,为零时需要取消该项,为 1 时不显示
str_poly = ''; % 多项式幂指数,最后一项时为常数,等于 1 时不显示
for i = 1:length(coef)
    % 判断该项系数是否为零;若为零,则该项不显示
    if (coef(i) == 0)
        str_temp = ''; % 多项式每一项
    else
        % 多项式的符号;第 1 项需去掉'+',其他项为正时需加'+'
        if (str_first == 1 & coef(i)>0) % 判断是否是第 1 项,且系数为正
            str_sym = '';
            str_first = str_first + 1;
        elseif (coef(i)>0) % 判断是否系数为正,需要有"+"
            str_sym = '+';
            str_first = str_first + 1;
        else % 其余情况为负,负号在数值内,因此符号为空
            str_sym = '';
        end
        % 多项式的系数
        if (coef(i) == 1) % 判断系数是否为 1
            str_coef = '';
        elseif (coef(i) == -1) % 判断系数是否为-1
```

```
        str_coef = '-';
    else  %  否则,系数正常显示
        str_coef = num2str(coef(i));
    end
    %多项式的幂指数
    if (i = = length(coef)) %判断是否是最后一项,是常数项
        str_poly = '';
    elseif i = = length(coef)-1  %  判断是否是线性项
        str_poly = '{\itx}';  %系数为 1 时不显示
    else  %  否则,正常显示,如 x^2
        str_poly = strcat('{\itx}^',num2str(length(coef)-i));
    end
    %将多项式的符号,系数,幂指数均合并
    str_temp = strcat(str_sym,str_coef,str_poly);
    end
    %合并所有多项式
    str_fun = strcat(str_fun,str_temp);
end
h = legend('实验值',str_fun,'location','northwest');  %  标注内容和位置
set(h,'FontName','Times New Roman','fontsize',12);  %  标注的字体和字号
```

知识点: 函数拟合、函数拟合表达式自动标明、拟合函数参数获取函数 **coeffvalues**

代码解读:

代码运行后自动绘制函数拟合结果及多项式表达式,运行结果如图 6-6 所示。

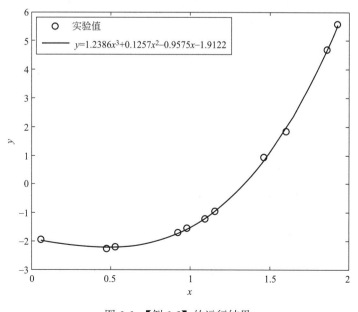

图 6-6 【例 6-2】的运行结果

首先，随机生成自变量和对应的多项式函数值，同时在函数值中添加部分的随机扰动，让结果更加真实。然后，利用 cftool 工具箱代码进行拟合，选择 3 阶多项式进行拟合，也可利用 polyfit 函数拟合。最后绘制拟合曲线和散点数据的对比图。

本例的核心在于，根据多项式拟合的系数自动在标注中标明多项式表达式，其难点和注意事项如下：

（1）当系数为 1 时不显示系数，如 1x 显示为 x。

（2）当 x 的幂数大于 1 时需要显示，为 1 时显示为 x，为 0 时显示为常数。

（3）最高阶的系数为正时不显示加号"＋"，其余均需显示数字的符号。

（4）系数为 0 时，不显示该项。

综合以上考虑，本程序针对某个系数，采用符号、系数、x 幂数这 3 个字符串进行组合表示，通过循环处理每个系数，最终将所有字符串拼接到一起。注意，本例的系数均精确到了小数点后 4 位数。针对每个系数的判断思路如下：

（1）先判断系数是否为 0，如果是，则该系数对应的字符串为空；如果不是，则进行下面的判断。

（2）如果是第 1 项且系数大于 0，则不显示加号；否则，如果不是第 1 项的系数大于 0，则显示加号；其余情况，符号均不显示。对于负数，负号隐藏在数字本身里面。

（3）判断系数，如果系数为 1，则不显示系数；如果系数为-1，则系数符号位"-"；其余情况，均直接显示系数即可。

（4）多项式的幂指数，如果是最后一项则幂指数不显示，仅显示常数；如果是线性项，幂指数显示为 x；否则，均正常显示为 x^j 即可。

（5）将符号、系数、幂指数三项合并为字符串。

（6）最后，将所有阶数的字符串合并即可。

本例的程序代码虽然判断过程显得复杂，但考虑的情况比较全面，适用性较广。当拟合系数无需精确到小数点后四位时，代码可适当进行优化。

6.2.3　实践：脉动风速功率谱自动拟合

在风工程中，经常需要绘制脉动风速功率谱。脉动风速功率谱密度函数反映了紊流能量在频率域的分布状况，是进行结构随机振动分析的前提之一。本节以拟合 Karman 谱为例，阐述根据风洞实测风速数据绘制风速功率谱并拟合 Karman 谱的全部流程和代码。

【例 6-3】某次风洞试验获取了某个空间位置处的风场时程数据，命名为 30（Ve）.ap，其内容如图 6-7 所示。请编程绘制该数据对应的脉动风速功率谱并拟合 Karman 功率谱曲线 $\dfrac{nS_u}{\sigma_u^2} = \dfrac{4(nL_u/U)}{(1+70.8(nL_u/U)^2)^{5/6}}$。

代码如下：

```
clear all;close all; % 清除变量,关闭绘图窗口
% % 风速数据
ut = dlmread('30 (Ve).ap','',11,0); % 跳过 11 行,读取数据
```

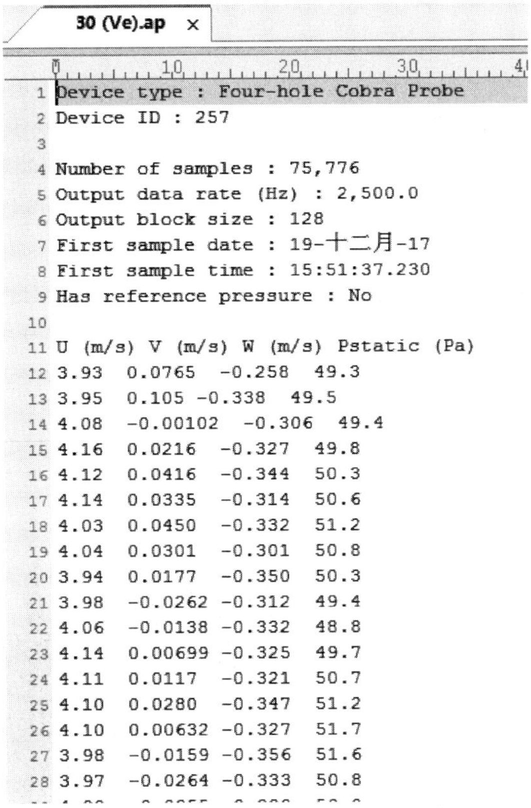

30 (Ve).ap

```
Device type : Four-hole Cobra Probe
Device ID : 257

Number of samples : 75,776
Output data rate (Hz) : 2,500.0
Output block size : 128
First sample date : 19-十二月-17
First sample time : 15:51:37.230
Has reference pressure : No

U (m/s) V (m/s) W (m/s) Pstatic (Pa)
3.93  0.0765  -0.258  49.3
3.95  0.105 -0.338  49.5
4.08  -0.00102  -0.306  49.4
4.16  0.0216  -0.327  49.8
4.12  0.0416  -0.344  50.3
4.14  0.0335  -0.314  50.6
4.03  0.0450  -0.332  51.2
4.04  0.0301  -0.301  50.8
3.94  0.0177  -0.350  50.3
3.98  -0.0262 -0.312  49.4
4.06  -0.0138 -0.332  48.8
4.14  0.00699 -0.325  49.7
4.11  0.0117  -0.321  50.7
4.10  0.0280  -0.347  51.2
4.10  0.00632 -0.327  51.7
3.98  -0.0159 -0.356  51.6
3.97  -0.0264 -0.333  50.8
```

图 6-7 【例 6-3】中风速时程数据示例

```
ut = ut(:,1); % 只用第 1 列的顺风向风速数据 U
% % 功率谱
Um = mean(ut); % 平均风速
Us = std(ut); % 脉动风速标准差
ut = ut-Um; % 脉动风速
Fs = 2500; % 采样频率
NFFT = length(ut);window = rectwin(NFFT/1);noverlap = NFFT/2; % 功率谱参数
[Su,n] = pwelch(ut,window,noverlap,NFFT,Fs); % pwelch 函数计算功率谱 Su
n(1) = [];Su(1) = []; % 去除频率为 0 的点,方便拟合
% % 拟合功率谱
func = @(coef,x) 4 * Us^2 * (x * coef/Um) ./x./(1 + 70.8 * (x * coef/Um).^2).^(5/6); % Karman 谱公式,待拟合参数为湍流积分尺度 Lu
[coef,resnorm] = lsqcurvefit(func,[0.2],n,Su); % 利用 lsqcurvefit 函数拟合
Su_fit = func(coef,n); % 拟合得到风速功率谱
Lu = coef; % 拟合得到湍流积分尺度
% % 绘图
figure; % 新建绘图窗口
```

```
loglog(n * Lu/Um,n. * Su/Us^2,'-k',n * Lu/Um,n. * Su_fit/Us^2,'--r');  % 双对数坐标
```
绘图
```
set(gca,'FontName','Times New Roman','FontSize',12);  % 字体和字号
xlabel('{\itnL}/{\itU}','FontSize',15);  % x 轴的名称和字号
ylabel('{nS} / {\it{\sigma}}^2','FontSize',15);  % y 轴的名称和字号
legend('实测数据','Karman 谱','location','southwest');  % 标注内容和位置
axis([2e-3 2e2 1e-6 1e1]);  % x 轴和 y 轴的范围
```
知识点：功率谱函数 **pwelch**、拟合函数 **lsqcurvefit**、对数坐标绘制函数 **loglog**
代码解读：

代码运行后自动读取风速时程数据文件，绘制脉动风速功率谱，并拟合 Karman 谱，运行结果如图 6-8 所示。

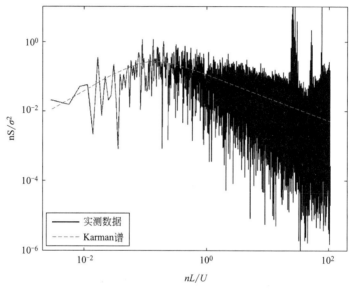

图 6-8　【例 6-3】的运行结果

1. 利用 dlmread 函数读取风速时程数据文件。由于数据前 11 行为说明字符，需要跳过。另外，数据有很多列，其中仅第 1 列为顺风向风速时程，其余均不需要使用，因此舍弃。

2. 计算平均风速和脉动风速标准差，剔除时均成分，获取脉动风速时程。设置采样频率和相关参数，利用 pwelch 函数计算脉动风速功率谱，返回两个变量，n 表示频率，Su 表示频率对应的功率谱。去除零点的值，避免出现拟合时分母为零导致报错的问题。定义 Karman 谱函数，其未知参数只有湍流积分尺度 Lu 这一个变量。利用 lsqcurvefit 函数拟合得到参数湍流积分尺度，然后获取拟合的脉动风速功率谱。

3. 对风速和功率谱分别进行无量纲化，利用 loglog 函数绘制对数坐标下的脉动风速功率谱，设置坐标轴名称和标注等信息。

总体而言，本例的核心在于风速时程文件的读取以及复杂函数的拟合，同时巩固双对数坐标图形的绘制方法。

6.3 本章小结

本章介绍了 MATLAB 中数据拟合的 3 种方法，并介绍了 3 个数据拟合的实践案例，具体包含以下几方面的内容：

1. MATLAB 的拟合函数，包括 cftool 工具箱、lsqcurvefit 函数以及 polyfit 函数。

2. MATLAB 的 3 个数据拟合实践案例，包括风洞试验风场调试数据风剖面拟合、多项式自动拟合、脉动风速功率谱自动拟合。程序代码同时涉及了批量数据文件自动读取、函数表达式自动获取、复杂函数自动拟合等多方面内容。

通过本章节内容的学习，读者可以掌握 MATLAB 中数据拟合的方法，提高数据处理和数据分析能力。虽然本章中的案例大多比较专业化，但数据处理和编程的思想都是相通的，掌握了数据拟合的原理和应用方法，可以很方便将其应用到其他研究领域。

第
7
章
━━━━━━━━━━━━━━━━━━━━━━━━━━━━━━━━

信号处理与滤波

信号的处理方式可以分为时域分析和频域分析两类。时域和频域是信号的基本性质，为分析信号提供了多种途径和研究问题的角度。用来分析信号的不同角度称为域。时域是描述数学函数或物理信号与时间的关系。例如，某个信号的时域波形可以直观显示信号随时间的变化。频域是描述信号在频率方面特性时采用的一种坐标系。时域分析和频域分析是从两个不同的观察面对模拟信号进行研究。时域分析是以时间轴为横坐标，表示动态信号的波动规律；频域分析是把信号变为以频率轴为横坐标表示的方式。通常时域的表述较为形象、直观，频域分析则更为简练，剖析问题更为深刻和方便。总体而言，频域分析方法可以识别信号中的周期信息，更有利于挖掘信号的深层次规律，信号分析的趋势是从时域向频域逐步发展的。本章主要介绍 MATLAB 中信号处理的相关知识，包括频谱的绘制以及滤波器的定义和使用。

7.1 频谱绘制

频谱是频率谱密度的简称，是表示频率分布的曲线。复杂振荡分解为振幅不同和频率不同的简谐振荡，这些简谐振荡的幅值大小按频率排列的分布图称之为频谱。频谱已经被广泛应用于光学、结构工程、无线电技术等领域中。频谱将对信号的分析从时域变换到频域，从而带来更直观的认识。把复杂的机械振动分解成的频谱称为机械振动谱，把声振动分解成的频谱称为声谱，把光振动分解成的频谱称为光谱，把电磁振动分解成的频谱称为电磁波谱，把脉动风速分解成的频谱称为风速谱。

由于描述振动现象最基本的物理量就是频率，因此也将频谱称为振动谱。简单的周期振动只有一个频率，而复杂运动则无法单纯使用一个频率描述它的运动状态，而且也无法根据振动图形或时程图揭示振动的本质特征，因此通常采用频谱来描述一个复杂的振动现象。实际上，根据傅里叶变换理论，任何复杂的振动现象都可以分解为多个不同振幅、不同频率的简谐振动的叠加。为了分析实际振动的性质，将分振动振幅按其频率的大小排列而成的图像即为该复杂振动的频谱。振动谱中，横坐标表示分振动的圆频率，纵坐标则表示分振动的振幅。对于周期性复杂振动，其频率为 f，则根据傅里叶变换定理，由它所分解的各简谐振动的频率是 f 的整数倍，即为 f、$2f$、$3f$、$4f$ 等。对于非周期性振动，如阻尼振动或短促的冲击，按照傅里叶积分，它可以分解为频率连续分布的无限多个简谐振动之和。信号频谱的概念既包含有很强的数学理论，如傅里叶变换、傅里叶级数等，又具有明确的物理涵义，包括谐波构成、幅频相频等。本节重点在于讲解利用 MATLAB 快速计算信号频谱的原理，即快速傅里叶变换（Fast Fourier Transform，FFT）技术，并通过信号频谱绘制的案例帮助读者理解快速傅里叶变换技术的使用方法。

7.1.1　FFT 函数

快速傅里叶变换，即利用计算机计算离散傅里叶变换（Discrete Fourier Transform，DFT）的高效、快速计算方法的统称，简称为 FFT。它是根据离散傅里叶变换的奇、偶、虚、实等特性，对离散傅里叶变换的算法进行改进获得的。采用快速傅里叶变换算法能使计算机计算离散傅里叶变换所需要的乘法次数大为减少，特别是被变换的抽样点数 N 越多，快速傅里叶变换算法计算量的快速效果就越显著。快速傅里叶变换在理论上并没有新的发现，但是对于在计算机系统中应用离散傅里叶变换，可以说是一大进步。本书重点在于讲解 MATLAB 软件的应用技巧，因此快速傅里叶变换相关的理论知识不会涉及，感兴趣的读者可自行查阅相关资料。

在 MATLAB 中，实现快速傅里叶变换的方法非常简单，利用 fft 函数即可，使用方式如下：

```
>>fft(y,NFFT)
```

其中 y 为信号时程，NFFT 为返回频率数，通常取值为 2 的整数次方。函数返回参数是维度为 NFFT 的复数（complex）形式的行向量，即 a_n+b_ni，其中 a_n 和 b_n 为傅里叶变换公式中每个频率的余弦项和正弦项对应的幅值。

如果需要将傅里叶变换后的复数形式信号还原为原始信号，则可使用 MATLAB 中的逆傅里叶变换函数 ifft，使用方式如下：

```
>>ifft(Y,NFFT)
```

其中 Y 为傅里叶变换后的复数形式信号，NFFT 的含义同上。

7.1.2　实践：信号频谱的绘制

当一个时程信号内包含多种频率成分时，用传统的时程分析法很难识别其中各成分的来源和贡献程度（即所占比重）。此时，采用傅里叶变换方法对时程信号进行变换，然后绘制信号的频谱，可以非常直观地获取信号中各项成分的主要频率，以及各频率占的比重值，即幅值。本节主要利用一个简单的多频率混合信号的案例，帮助读者掌握信号频谱的绘制方法，为信号分析和信号处理的学习奠定良好的基础。

【例 7-1】假设某个实测时程信号内包含多个频率的信号源及额外的噪声，其时程信号函数式为 $y(t)=1.0\sin(2\pi\times50t)+0.5\sin(2\pi\times120t)$，噪声服从高斯分布。请识别信号中各频率的来源以及幅值。

代码如下：

```
clear all;close all; % 清除变量,关闭绘图窗口
%%参数
Fs = 1000; %采样频率
T = 1/Fs;  %采样时间步
L = 1000;  %样本长度
t = (0:L-1)*T; %时间
%%构造时程序列,可添加高斯分布的噪声
x = 1.0*sin(2*pi*50*t) + 0.5*sin(2*pi*120*t); %理想信号包括50Hz和120Hz
y = x + 0.5*randn(size(t)); %添加高斯分布噪声
%%绘制时程信号
figure; % 新建绘图窗口
set(gcf,'Position',[100,200,840,300]); % 设置图形的位置和长度、宽度
subplot(1,2,1); % 打开第1个子窗口
plot(t(1:100),y(1:100)); % 绘图
set(gca,'FontName','Times New Roman','FontSize',12); % 字体和字号
xlabel('时间 (s)','fontsize',15); % x轴的名称和字号
ylabel('信号值','fontsize',15); % y轴的名称和字号
title('信号时程'); % 标题的名称
%%快速傅里叶变换
NFFT = 2^nextpow2(L); %利用nextpow2函数确定NFFT参数
Y = fft(y,NFFT)/L; %快速傅里叶变换,Y = an + bn*i,i 为虚数
f = Fs/2*linspace(0,1,NFFT/2+1); %单边频率
%%绘制单边频谱
subplot(1,2,2); % 打开第2个子窗口
plot(f,2*abs(Y(1:NFFT/2+1))); %单边谱的幅值
set(gca,'FontName','Times New Roman','FontSize',12); % 字体和字号
title('信号的单边谱'); % 标题的名称
xlabel('频率{\itf}(Hz)','fontsize',15); % x轴的名称和字号
ylabel('信号幅值|Y({\itf})|','fontsize',15); % y轴的名称和字号
grid on; % 网格线
```

知识点：信号频谱绘制、**nextpow2 函数**、**快速傅里叶变换函数 fft**

代码解读：

代码运行后自动绘制信号的时程和单边频谱，运行结果如图 7-1 所示。

本例中，假定理想信号包括两个频率 50Hz 和 120Hz，而实测信号中存在幅值较小的服从高斯分布的噪声干扰。信号的采样频率为 1kHz，首先选取了前 100 个样本的时程信息进行展示。可以看出，信号的时程非常杂乱无章，根本无法直观看出该信号是由哪些信号源组成。因此，采用快速傅里叶变换技术针对时程信号进行分析。

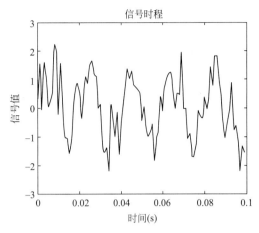 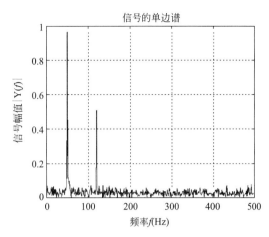

图 7-1　【例 7-1】的运行结果

先利用 nextpow2 函数确定快速傅里叶变换的参数 NFFT，此处 nextpow2 函数可计算根据样本长度确定的 2 的次方数。例如，n＝nextpow2（L），返回一个整数，应当满足条件 $2^{n-1} < L \leqslant 2^n$。然后，利用 fft 函数进行快速傅里叶变换，将变换后的结果除以样本长度，获取变换后的复数形式信号 Y。该变换获取的是双边频率，而通常只需要绘制单边频谱即可。计算变换后信号 Y 对应的单边谱幅值，绘制对应的频谱图。

由图可以看出，频谱图在 50Hz 和 120Hz 的位置均有一个峰值，幅值分别为 1.0 和 0.5，这恰好与原信号中这两个信号源的频率和幅值一一对应。也就是说，通过这种方法，不仅可以识别出原信号由哪些频率的信号构成，还可以确定每个信号对应的强度，即幅值。因此，傅里叶变换技术在信号分析和处理中得到了广泛的应用。

7.2　滤波器

实测信号中通常混杂了多种信号源，其中甚至可能掺杂了各种频率的干扰信号，即噪声。在信号分析和处理中，通常需要将这种无关的信号进行滤除，此时便可用类似的滤波器将信号中特定波段频率的成分滤除。滤波是将信号中特定波段频率滤除的操作，是抑制和防止干扰的一项重要措施，是根据观察某一随机过程的结果，对另一与之相关的随机过程进行估计的概率理论与方法。本节重点讲述滤波器的工作原理，介绍 MATLAB 中的滤波器工具箱 fdatool，并利用多个实践案例重点阐述低通滤波、高通滤波、带通滤波、带阻滤波的定义和使用方法。

7.2.1　滤波器原理

滤波器的原理在于，通过设置滤波器，只允许一定频率范围内的信号成分正常通过，而阻止另一部分频率成分通过。根据频率滤波时，把信号看成是由不同频率正弦波叠加而成的模拟信号，通过选择不同的频率成分来实现信号滤波。

1. 当允许信号中较高频率的成分通过滤波器时，这种滤波器被称为高通滤波器。

2. 当允许信号中较低频率的成分通过滤波器时，这种滤波器被称为低通滤波器。

3. 设低频段的截止频率为 fp_1，高频段的截止频率为 fp_2。

（1）如果频率在 fp_1 与 fp_2 之间的信号能通过，其他频率的信号被衰减，则该滤波器被称为带通滤波器。

（2）如果频率在 fp_1 到 fp_2 之间的信号被衰减，其他频率的信号能通过，则该滤波器被称为带阻滤波器。

7.2.2 滤波器工具箱

在 MATLAB 中自带了滤波器工具箱，即 fdatool。在命令窗口中输入 fdatool 命令，即可弹出工具箱的工作界面，如图 7-2 所示。在工作界面的左侧上方可对定义的滤波器进行管理和保存，界面左侧下方可定义滤波器的类型和设计方法。Response Type 中定义的滤波器类型包括低通滤波（Lowpass）、高通滤波（Highpass）、带通滤波（Bandpass）、带阻滤波器（Bandstop），还包括其他方法，如 Differentiator、Multiband、Hilbert Transformer、Arbitrary Magnitude。Design Method 中可选择的设计方法包括 IIR 和 FIR。读者可尝试设置不同的滤波器和设计方法，在工作界面中央可以看到定义的滤波器样式效果。

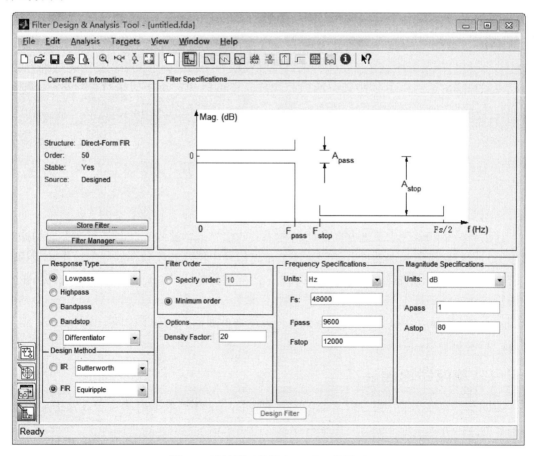

图 7-2　滤波器工具箱 fdatool 工作界面

定义了滤波器的类型和设计方法后，还需要指定滤波器的其他参数。以图示的低通滤波为例，信号低于频率 Fpass 的都可通过，高于频率 Fstop 的都会被滤掉，在频率 Fpass 和 Fstop 之间有一个衰减过程，信号逐渐被滤除。因此，对于不同的信号，用户需要自行设置相关的参数，然后生成滤波器。

用户定义好滤波器后，可点击图中的【File】-【Generate MATLAB Code】-【Filter Design Function】，将定义的滤波器生成一个 m 文件。此处以图示的低通滤波为例，生成的 m 文件如图 7-3 所示。此处以默认文件名为例，则该函数调用方式为：

＞＞Hd = untitled

其中 Hd 为函数返回的滤波器，结合 filter 函数即可对信号进行滤波，使用方式如下：

＞＞y_filter = filter(Hd,y)

其中，y 为原信号，y_filter 为滤波后信号，filter 为 MATLAB 中的滤波函数。

```
1   function Hd = untitled
2   %UNTITLED Returns a discrete-time filter object.
3
4   %
5   % MATLAB Code
6   % Generated by MATLAB(R) 8.0 and the Signal Processing Toolbox 6.18.
7   %
8   % Generated on: 04-Aug-2022 08:51:47
9   %
10
11  % Equiripple FIR Lowpass filter designed using the FIRPM function.
12
13  % All frequency values are in Hz.
14 - Fs = 48000;   % Sampling Frequency
15
16  Fpass = 9600;            % Passband Frequency
17  Fstop = 12000;           % Stopband Frequency
18  Dpass = 0.057501127785;  % Passband Ripple
19  Dstop = 0.0001;          % Stopband Attenuation
20  dens  = 16;              % Density Factor
21
22  % Calculate the order from the parameters using FIRPMORD.
23 - [N, Fo, Ao, W] = firpmord([Fpass, Fstop]/(Fs/2), [1 0], [Dpass, Dstop]);
24
25  % Calculate the coefficients using the FIRPM function.
26 - b  = firpm(N, Fo, Ao, W, {dens});
27 - Hd = dfilt.dffir(b);
```

图 7-3　滤波器生成代码示例

如果用户需要更改滤波器的参数，可以直接修改该 m 文件。当然，该函数代码也可以直接复制到主程序中，这样只需要使用一个程序文件即可完成信号的滤波处理。

7.2.3　实践：低通滤波

当信号中夹杂的噪声源为高频时，需要保证让低频的信号通过而让高频的信号被过滤。此时，则需要使用低通滤波器。本节提供一个低通滤波器的实践案例。

【例 7-2】假设理想信号频率为 10Hz，函数表达式为 $f_1(t)=10\sin(2\pi\times10t)$，而实测信号中存在 18Hz 的噪声污染，被污染后的实测信号函数表达式为 $f_2(t)=10\sin(2\pi\times$

$10t$）＋4sin($2\pi \times 18t$）。 请将实测信号中的高频噪声剔除。

代码如下：

```
clear all;close all; % 清除变量,关闭绘图窗口
%%参数
Fs = 100; %频率
t = 0:1/Fs:2; %时间
f1 = 10; %第 1 频率
f2 = 18; %第 2 频率
%%实测信号与理想信号
signal1 = 10 * sin(2 * pi * f1 * t); %信号 1,由第 1 频率确定,假定为理想信号
signal2 = 4 * sin(2 * pi * f2 * t); %信号 2,由第 2 频率确定,假定为低频噪声
y = signal1 + signal2; %假定为实测信号
%%绘图,滤波前信号时程
figure; % 新建绘图窗口
plot(t,y,'-k',t,signal1,'-r'); % 绘图
set(gca,'FontName','Times New Roman','FontSize',12); % 字体和字号
legend('被污染的信号','理想信号','location','northwest'); % 标注内容和位置
xlabel('时间 (s)','fontsize',15); % x 轴的名称和字号
ylabel('信号值','fontsize',15); % y 轴的名称和字号
title('滤波前信号时程'); % 标题的名称
%%低通滤波算子
Fpass = 10; %信号通过的频率
Fstop = 12; %信号截止的频率
Dpass = 0.057501127785; % 通频带波动
Dstop = 0.1; %信号截断衰减因子
dens = 20; % 密度因子
%根据指定的参数利用 firpmord 函数计算阶数
[N, Fo, Ao, W] = firpmord([Fpass, Fstop]/(Fs/2), [1 0], [Dpass, Dstop]);
%根据 firpm 函数计算系数
b = firpm(N, Fo, Ao, W, {dens});
Hd = dfilt.dffir(b); % Hd 为通过以上定义得到的滤波算子
%%绘图,滤波后信号时程
figure; % 新建绘图窗口
output = filter(Hd,y); %基于滤波算子,用滤波器 filter 获取滤波后信号
plot(t,y,'-k',t,signal1,'-r',t,output,'-b'); % 绘图
set(gca,'FontName','Times New Roman','FontSize',12); % 字体和字号
legend('被污染的信号','理想信号','滤波后信号','location','northwest'); % 标注内容
和位置
xlabel('时间 (s)','fontsize',15); % x 轴的名称和字号
```

ylabel('信号值','fontsize',15)；% y轴的名称和字号

title('滤波后信号时程')；% 标题的名称

知识点：低通滤波器、filter 函数

代码解读：

代码运行后自动绘制滤波前后的时程信号对比图，运行结果如图 7-4 所示。

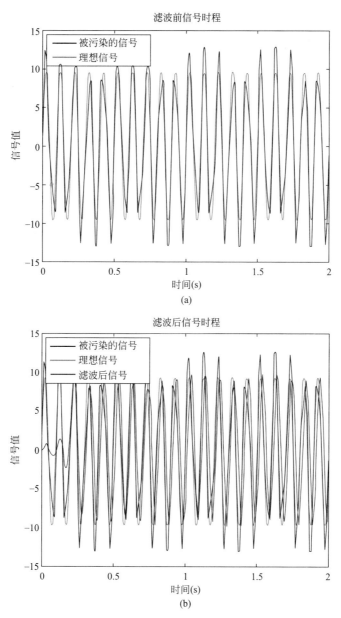

图 7-4　【例 7-2】的运行结果

（a）理想信号和被污染信号时程；（b）理想信号、被污染信号和滤波后信号时程

本例中，实测信号中混杂了两个频率的信号源，分别为 10Hz 和 18Hz，其中 10Hz 为理想信号，18Hz 为高频噪声信号。首先，定义信号的参数，获取理想信号、噪声信号以

及实测信号，并绘制滤波前理想信号与实测信号的时程对比图。然后，定义低通滤波器。本例为利用 fdatool 工具箱生成代码，将其复制到主程序中。设定通过的频率 Fpass 为 10Hz，截止频率 Fstop 为 12Hz，截止频率衰减率 Dstop 为 0.1，其余参数采用工具箱默认参数。定义以上参数后，利用 firpmord 函数获取滤波器的主要变量，并通过 firpm 函数和 dfilt. dffir 函数获取低通滤波算子。该段代码可以很方便地扩展到其他时程信号的低通滤波应用中，只需修改滤波算子的关键参数即可。最后，利用滤波函数 filter 将原信号变量 y 按照滤波算子 Hd 进行滤波，并绘制滤波后的信号时程对比结果。可以看出，经过低通滤波器后，低频的理想信号被很好地识别了。滤波后信号与理想信号之间仅存在一个相位差，这是因为截止频率衰减使得滤波后的信号需要一定时间后才能恢复正常。

总体而言，本例提供了低通滤波器的应用方法，读者可将其核心代码扩展到其他时程信号的低通滤波中。

7.2.4 实践：高通滤波

【例 7-2】介绍了如何将实测时程信号中的高频噪声信号源进行过滤。然而，有时情况会完全相反，实测信号为高频信号，而噪声信号为低频信号。此时，则需要利用高通滤波器，让高频的信号通过而将低频的噪声信号过滤。本节提供一个高通滤波器的实践案例。

【例 7-3】假设理想信号频率为 18Hz，函数表达式为 $f_1(t)=4\sin(2\pi\times18t)$，而实测时程信号中存在 10Hz 的噪声污染，被污染后的时程信号函数表达式为 $f_2(t)=10\sin(2\pi\times10t)+4\sin(2\pi\times18t)$。请将实测时程信号中的低频噪声剔除。

代码如下：

```
clear all;close all; % 清除变量,关闭绘图窗口
%%参数
Fs = 100; %频率
t = 0:1/Fs:2; %时间
f1 = 10; %第 1 频率
f2 = 18; %第 2 频率
%%实测信号与理想信号
signal1 = 10 * sin(2 * pi * f1 * t); %信号 1,由第 1 频率确定,假定为高频噪声信号
signal2 = 4 * sin(2 * pi * f2 * t); %信号 2,由第 2 频率确定,假定为理想信号
y = signal1 + signal2; %假定为实测信号
%%绘图,滤波前信号时程
figure; % 打开绘图窗口
plot(t,y,'-k',t,signal2,'-r'); % 绘图
set(gca,'FontName','Times New Roman','FontSize',12); % 字体和字号
legend('被污染的信号','理想信号','location','northwest'); % 标注内容和位置
xlabel('时间 (s)','fontsize',15); % x 轴的名称和字号
ylabel('信号值','fontsize',15); % y 轴的名称和字号
title('滤波前信号时程'); % 标题的内容
%%高通滤波算子
```

Fpass = 18；% 信号通过的频率

Fstop = 16；% 信号截止的频率

Dpass = 0.057501127785；% 通频带波动

Dstop = 0.1；% 信号截断的衰减因子

dens　= 20；% 密度因子

% 根据指定的参数利用 firpmord 函数计算阶数

[N, Fo, Ao, W] = firpmord([Fstop, Fpass]/(Fs/2), [0 1], [Dstop, Dpass]);

% 根据 firpm 函数计算系数

b　　= firpm(N, Fo, Ao, W, {dens});

Hd = dfilt.dffir(b)；% Hd 为通过以上定义得到的滤波算子

%% 绘图,滤波后信号时程

figure；% 新建绘图窗口

output = filter(Hd,y)；% 基于滤波算子,用滤波器 filter 获取滤波后信号

plot(t,y,'-k',t,signal2,'-r',t,output,'-b')；% 绘图

set(gca,'FontName','Times New Roman','FontSize',12)；% 字体和字号

legend('被污染的信号','理想信号','滤波后信号','location','northwest')；% 标注内容和位置

xlabel('时间（s)','fontsize',15)；% x 轴的名称和字号

ylabel('信号值','fontsize',15)；% y 轴的名称和字号

title('滤波后信号时程')；% 标题的名称

知识点：高通滤波器

代码解读：

代码运行后自动绘制滤波前后的时程信号对比图，运行结果如图 7-5 所示。

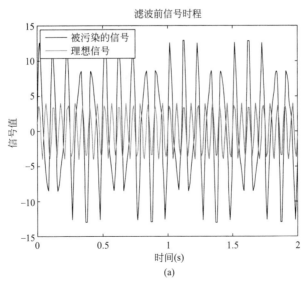

图 7-5　【例 7-3】的运行结果（一）

（a）理想信号和被污染信号时程

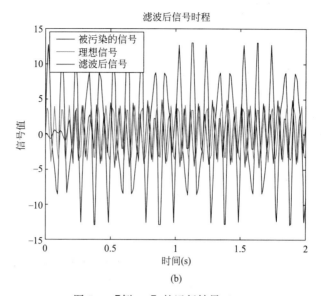

图 7-5 【例 7-3】的运行结果（二）
（b）理想信号、被污染信号和滤波后信号时程

本例与【例 7-2】十分类似，只是情况相反，理想信号和噪声信号进行了互换。程序代码也非常相近，仅在 firpmord 函数获取滤波器相关变量时存在一定区别。低通滤波时，通过频率 Fpass 为 10Hz，截止频率 Fstop 为 12Hz；而高通滤波时，通过频率 Fpass 为 18Hz，截止频率 Fstop 为 16Hz。读者可仔细对比两种滤波器的 firpmord 函数代码行的相同点和不同点。

经过高通滤波器后的时程信号，与理想信号吻合较好，同时体现在频率和幅值两方面，但相位差和初始信号衰减同样存在。

7.2.5 实践：带阻滤波

【例 7-2】和【例 7-3】中，分别假定了噪声源为高频和低频。那么，假如噪声源为中间频率，应该如何将其滤除呢？此时，便需利用带阻滤波器。倘若反过来，噪声源同时存在高频和低频需要滤除，则需使用带通滤波器。本节以带阻滤波器为例，进行详细阐述和实践练习。

【例 7-4】假设理想信号频率包括两个频段——10Hz 和 30Hz，函数表达式为 $f_1(t) = 10\sin(2\pi \times 10t) + 4\sin(2\pi \times 30t)$，而实测时程信号中存在 18Hz 的噪声污染，该噪声属于中间频率，被污染后的时程信号的函数表达式为 $f_2(t) = 10\sin(2\pi \times 10t) + 2\sin(2\pi \times 18t) + 4\sin(2\pi \times 30t)$。请将实测时程信号中的中频噪声剔除。

代码如下：

```
clear all;close all; % 清除变量,关闭绘图窗口
% % 参数
Fs = 1000; % 频率
t = [0:1/Fs:2]'; % 时间
N = length(t); % 样本长度
```

```
f1 = 10;f2 = 18;f3 = 30;% 定义 3 个频率参数,10Hz、18Hz、30Hz
%% 实测信号与理想信号
signal1 = 10 * sin(2 * pi * f1 * t);% 信号 1,频率为 f1
signal2 = 2 * sin(2 * pi * f2 * t);% 信号 2,频率为 f2,为噪声信号
signal3 = 4 * sin(2 * pi * f3 * t);% 信号 3,频率为 f3
y = signal1 + signal2 + signal3;% 实测受污染信号,有 3 个频率
y_ideal = signal1 + signal3;% 理想信号,频率 f1 和 f3
%% 带通滤波算子
Fpass1  = 10;% 信号的第 1 个通过频率
Fstop1  = 12;% 信号的第 1 个截止频率
Fstop2  = 28;% 信号的第 2 个截止频率
Fpass2  = 30;% 信号的第 2 个通过频率
Dpass1  = 0.028774368332;% 第 1 个通频带波动
Dstop = 0.1;% 信号截断的衰减因子
Dpass2  = 0.057501127785;% 第 2 个通频带波动
dens = 20;% 密度因子
% 根据指定的参数利用 firpmord 函数计算阶数
[N, Fo, Ao, W] = firpmord([Fpass1 Fstop1 Fstop2 Fpass2]/(Fs/2),[1 0 ...
                                1],[Dpass1 Dstop Dpass2]);
% 根据 firpm 函数计算系数
b = firpm(N, Fo, Ao, W, {dens});
Hd = dfilt.dffir(b);% Hd 为通过以上定义得到的滤波算子
%% 绘图,滤波后信号时程
figure;% 新建绘图窗口
y_filter = filter(Hd,y);% 基于滤波算子,用滤波器 filter 获取滤波后信号
plot(t,y,'-k',t,y_ideal,'-r',t,y_filter,'-b');% 绘图
set(gca,'FontName','Times New Roman','FontSize',12);% 字体和字号
legend('被污染的信号','理想信号','滤波后信号','location','northwest');% 标注内容
和位置
xlabel('时间 (s)','fontsize',15);% x 轴的名称和字号
ylabel('信号值','fontsize',15);% y 轴的名称和字号
title('滤波后信号时程');% 标题的名称
```

知识点：带阻滤波器

代码解读：

代码运行后自动绘制滤波前后的时程信号对比图，运行结果如图 7-6 所示。

本例中的核心代码，与【例 7-2】和【例 7-3】比较相似，都是使用 fdatool 工具箱生成的程序代码，区别在于本例采用的是 Bandstop 滤波，需要定义的参数比前面两个例题多一些。本例中的原始信号频率为 10Hz 和 30Hz，噪声信号频率为 18Hz。设置两个通过频率，分别为 Fpass1＝10Hz 和 Fpass2＝30Hz，表示频率低于 Fpass1 或高于 Fpass2 的信

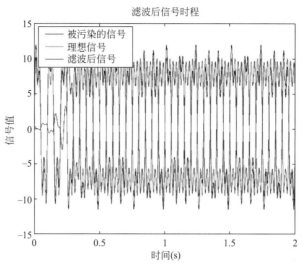

图 7-6 【例 7-4】的运行结果

号都能通过；另外设置两个截止频率，分别为 Fstop1＝12Hz 和 Fstop2＝28Hz，表示在 Fstop1 和 Fstop2 频段区间内的信号都将完全被过滤。在 Fpass1 和 Fstop1 之间以及 Fstop2 和 Fpass2 之间的这两个频段，设置一定的衰减过渡。根据以上参数，定义了带阻滤波器。然后利用 filter 函数即可对原始时程信号进行滤波。由图可以看出，本例的滤波后信号有两个较明显的频率，与原始信号的频率十分吻合，且滤波后信号与原始信号的幅值也比较一致，证明了本例中设置的带阻滤波器的有效性与合理性。

　　读者可以尝试结合本例的带阻滤波器，将代码进行改写和扩展，编写一个带通滤波器，仅保留 18Hz 的理想信号，将 10Hz 和 30Hz 的噪声信号剔除，并对比验证滤波后的实测信号。这里编者提供两种思路：第一，读者可以利用滤波工具箱选择带通滤波器，设置参数完成低频和高频噪声信号的过滤；第二，读者也可以根据【例 7-2】和【例 7-3】，依次对原始信号设置低通滤波和高通滤波，这种方式虽然较繁琐，但理解上更加容易。

7.3　本章小结

　　本章介绍了 MATLAB 中信号处理与信号滤波相关概念和方法，介绍了频谱和滤波器的相关知识点，并设计了相关的实践案例，具体包含以下几方面的内容：

　　1. MATLAB 的频谱绘制函数，包括 fft 函数和 ifft 函数，并设计了信号频谱绘制的实践案例帮助读者加深对频谱的理解和应用。

　　2. MATLAB 的滤波器原理以及滤波器工具箱，并设计了 3 个信号滤波的实践案例，包括低通滤波、高通滤波、带阻滤波，提供了带通滤波器的设计思路供读者练习。

　　通过本章内容的学习，读者可以熟练掌握 MATLAB 中信号处理、信号分析以及信号滤波的研究方法和应用技巧。

第
8
章

并行计算

并行计算的方式可以充分利用计算资源，大幅度提升计算效率，缩短耗时，目前已经被广泛应用。本章主要介绍 MATLAB 中并行计算的方法，并利用 3 个实践案例帮助读者理解并行计算的原理，同时掌握并行编程的应用技巧。

8.1　并行计算理论与方法

并行计算是指同时使用多种计算资源解决计算问题的过程，是提高计算机系统计算速度和处理能力的一种有效手段。它的基本思想是用多个处理器来协同求解同一问题，即将被求解的问题分解成若干个部分，各部分均由一个独立的处理器来并行计算。并行计算系统既可以是专门设计的、含有多个处理器的超级计算机，也可以是某种方式互连的若干台独立计算机构成的集群。通过并行计算完成数据的处理，再将处理的结果返回给用户。

并行计算可以分为时间上的并行和空间上的并行。时间上的并行，是指流水线技术。比如工厂生产食品的时候步骤分为（1）清洗：将食品冲洗干净；（2）消毒：将食品进行消毒处理；（3）切割：将食品切成小块；（4）包装：将食品装入包装袋。如果不采用流水线，一个食品完成上述 4 个步骤后，下一个食品才能进行处理，耗时且影响效率。如果采用流水线技术，就可以同时处理 4 个食品。这就是并行算法中的时间并行，在同一时间启动两个或两个以上的操作，大大提高计算性能。

空间上的并行，是指多个处理机并发的执行计算，即通过网络将两个以上的处理机连接起来，达到同时计算同一个任务的不同部分，或者单个处理机无法解决的大型问题。比如一堆砖需要搬运，1 个人搬运需要 6 个小时才能完成任务，而如果用 10 个人搬运则只需要 36 分钟即可完成。这就是并行算法中的空间并行，将一个大任务分割成多个相同的子任务，来加快问题的解决速度。

在 MATLAB 中，实现并行计算的方式主要有两种：parfor 并行和 spmd 并行。下面针对这两种方式分别进行详细介绍。

8.1.1　parfor 并行

在 MATLAB 中，parfor 的并行计算使用方式非常便捷，只需将 for 循环改为 parfor 即可，使用步骤如下：

1. 配置和开启并行池

并行池是 MATLAB 开启并行计算的前提要素。在低版本的 MATLAB 中，可以使用 matlabpool 函数打开并行池，例如：

>>matlabpool open 4

>>matlabpool local 4

采用 open 或 local 的效果相同，其中 4 为打开的核数，对于一般的电脑通常为 4 核 8 线程或 2 核 4 线程。

如果是高版本的 MATLAB，则可以使用 parpool 函数，例如：

>>parpool('local',4)

>>parpool(4)

即为打开 4 核并行池。

当并行池已经开启时，再使用 matlabpool 或 parpool 命令将报错，因此，建议在不需要的时候及时关闭并行池。低版本的 MATLAB 中使用命令 matlabpool close 可以关闭并行池，高版本的 MATLAB 中则可使用命令 delete［gcp（'nocreate'）］。此外，高版本的 MATLAB 中设置了并行池默认自动关闭时间，在该时间内不使用并行池则程序会将其自动关闭。高版本 MATLAB 中，利用 gcp（'nocreate'）命令可以获取当前并行池对象，没有开启则函数返回空值；利用 gcp 命令则可以获取当前并行池对象，没有开启则使用默认配置文件开启并行池。在高版本 MATLAB 中建议使用 gcp 命令配置和打开并行池，可以避免并行池设置相关的报错。

2. 将串行循环中的 for 关键字改为 parfor

parfor 并行循环计算具有以下几个特点：（1）parfor 关键字并行执行 for 时，会将 for 循环划分为若干部分，每个部分交由不同的 Worker 执行。如果任务无法均匀划分，有些 Worker 会执行较多的循环次数。（2）parfor 并行时会占用计算机资源进行必要的数据通信。（3）for 执行循环时，根据循环变量的顺序执行；而 parfor 关键字执行循环时，执行顺序与 Worker 数据以及循环在 Worker 之间的分配顺序等因素相关。

尽管 parfor 并行的使用非常便捷，但其对循环的内容具有非常严格的要求，最核心的要求在于循环内的变量不能嵌套，计算结果互相不依赖，即相互独立。另外，还有一些函数不能在 parfor 循环内使用，如 eval 函数等。

3. 关闭并行池

当 parfor 并行计算完成后，可以使用 matlabpool close 或 delete（gcp（'nocreate'））命令关闭并行池，高版本 MATLAB 可等待程序自动关闭。

读者可以运行下面的代码，体会并行计算对于程序计算效率的提高效果。

```
%% 普通串行
tic; % 开始计时
n = 200;A = 500; % n为循环计算次数,A为矩阵
```

```
a = zeros(n); % 初始化
for i = 1:n % 串行 for 循环计算
  a(i) = max(abs(eig(rand(A)))); % eig 函数表示计算方阵的特征值
end
toc; % 结束计时
%% parfor 并行
gcp % 低版本可用 matlabpool open 4,高版本用 parpool(4)或 gcp
tic; % 开始计时
n = 200;A = 500; % n 为循环计算次数,A 为矩阵
a = zeros(n); % 初始化
parfor i = 1:n % 并行 parfor 循环计算
  a(i) = max(abs(eig(rand(A)))); % eig 函数表示计算方阵的特征值
end
toc; % 结束计时
```

知识点：特征值函数 eig、parfor 并行计算

该程序代码的功能为循环计算 200 次阶数为 500 的方阵的特征值中绝对值最大的数值，保存到变量 a 中，循环计算分别采用了串行 for 循环和并行 parfor 循环。运行该程序代码后，串行计算耗时为 20.6s，4 核并行计算耗时为 7.7s，计算耗时缩短了 63%。如果并行核数更多，计算效率提升的效果将更好。

读者可以对比上述的串行和并行代码，区别仅在于并行计算中将 for 循环改成了 parfor，非常方便。本例中每次循环计算的结果互相不干扰，第 i 个循环的结果存入了 a(i) 中，因此满足 parfor 循环计算的要求。需要注意的是，并不是所有的 parfor 循环都能提高计算效率。如果循环体内的计算简单，耗时很短，parfor 循环的耗时反而可能增加。这是因为 parfor 循环需要花费一定的通信时间，如果这个时间高于循环内的计算时间，此时不建议使用 parfor 循环。对于一段程序代码，判断是否应该采用并行计算，可以直接对比串行和并行的计算效率。如果并行计算的耗时更短，则建议采用并行计算，否则，建议采用普通的串行计算即可。另外，由于 MATLAB 对于多重 for 循环的计算效率并不高，因此建议尽量采用低重或不采用循环，可以有效提高程序的计算效率。

8.1.2　spmd 并行

MATLAB 中还有第 2 种并行使用方法，即 spmd 并行。当待计算变量的数据量十分庞大时，可将数据进行分割，分割后的每个子空间用单独的核来分别计算，最后将结果汇总到一起，这便是 spmd 并行的核心思想。spmd 并行的使用方式如下：

```
spmd
    核心代码
end
```

当然，spmd 并行使用前也必须打开 MATLAB 的并行池。在上面的核心代码中，可以使用 labindex 指定子空间序号，即并行计算的核编号，然后分别针对超大数据的子块分别进行计算。例如：

```
spmd（4）
A = rand(3,2);
end
```

上述代码生成的变量 A 为一个 Composite 对象，大小为 1×4，A（1）表示序号为 1 的 labindex 运行生成的矩阵 A，以此类推。通过下面的命令，可以将变量 A 的内容进行可视化，与颜色进行一一对应，读者可运行对比 4 张图片的差异。

```
for i = 1:length(A)
    figure;
    imagesc(A{i});
end
```

8.2 并行计算实践案例

并行计算对于程序计算效率的提高效果十分显著。本节针对 MATLAB 的并行计算设置了 3 个实践案例，包括 parfor 并行计算矩阵每列的均方根误差、spmd 并行处理数据以及 parfor 并行绘制风压时程云图动画。

8.2.1 实践：parfor 并行计算矩阵列均方根误差

parfor 并行计算效率并不一定比串行 for 循环效率高。本节提供了一个 parfor 循环的简单案例，用于计算矩阵每列的均方根误差。

【例 8-1】已知矩阵，利用 parfor 循环并行计算矩阵每列的均方根误差。

代码如下：

```
clear all;close all; % 清除变量,关闭绘图窗口
% matlabpool open 4; % 打开 4 核并行,或者 matlabpool local 4;只需打开 1 次
% matlabpool close; % 关闭并行池
% % 目标为利用 parfor 循环计算矩阵每列的平方和
data = rand(1e3,1e5); % 构造矩阵
result = zeros(1,size(data,2)); % 对计算结果进行初始化
tic; % 开始计时
parfor i = 1:size(data,2) % 并行 parfor 循环计算
    result(i) = sqrt(sum(data(:,i).^2)/size(data,1)); % 并行计算每列的均方根
误差,结果存储到 result 变量中
end
toc; % 计时结束
```

知识点：**parfor 并行**

代码解读：

本例为 parfor 的简单应用案例，由于循环体内的计算耗时并不长，parfor 并行通信时间较长，导致 parfor 循环的计算耗时高于 for 循环。尽管如此，本例提供的 parfor 循环基

本使用方法流程仍可供读者参考。需要注意的是，parfor 循环不仅可以使用 result（i）这种矩阵变量存储的方式，而且可以使用 result ｛i｝ 这种元胞数组的形式进行数据存储，然后利用 cell2mat 等函数将元胞数组转换为矩阵变量。

8.2.2　实践：spmd 并行处理数据

本节提供了一个 spmd 并行的简单案例，用于并行处理"大型"数据。

【例 8-2】已知数据，对数据不同部分分别进行处理，然后查看数据。

代码如下：

```
clear all;close all; % 清除变量,关闭绘图窗口
% matlabpool local 2; %打开 2 核并行;只需打开 1 次
% matlabpool close; %关闭并行池
% %目标为利用 spmd 循环针对数据进行区域分割,然后分别处理
Data = [1:10]; % 数据初始值
spmd
    if labindex == 1 % 判断是否为第 1 个核,进行操作
        Data(1:5) = Data(1:5)+1; % 对于第 1 个分布区域,针对前 5 个数据进行操作 +1
    else % 对于其他核,处理不同的数据
        Data(6:10) = Data(6:10)+20; % 对于其他区域,针对后 5 个数据进行操作 +20
    end
end
data1 = Data{1} % 处理后数据的提取,第 1 个核的计算结果
data2 = Data{2} % 处理后数据的提取,第 2 个核的计算结果
```

知识点：spmd 并行

代码解读：

本例提供了一个关于 spmd 并行计算的案例。已知数据 Data 的维度为 1×10，对前 5 个数据进行"+1"的操作，对后 5 个数据进行"+20"的操作。利用 spmd 并行，打开 2 个核，用 labindex 指定对应核操作方式。第 1 个核处理前 5 个数据，第 2 个核处理后 5 个数据。运行结束后的数据变量 Data 调用方式为 Data ｛1｝ 和 Data ｛2｝，每个内容分别存储了对应并行核的计算结果，这样就达到了针对数据进行分割并行计算的目的。本例的计算非常简单，希望对于读者能有所启发。掌握 spmd 的高级并行方法，其核心主要在于数据的分割方式和计算。

8.2.3　实践：parfor 并行绘制风压时程云图动画

在 MATLAB 的并行实践应用中，parfor 的使用频率远高于 spmd。因此，本节在【例 5-1】的基础上，引入 parfor 并行进行处理，并与普通的 for 循环对比计算效率。

【例 8-3】假设已有某矩形区域内不均匀分布散点的风压时程数据，请绘制风压分布云图并制作随时间变化的动画视频，尝试使用 parfor 并行计算提高程序的运行效率。

代码如下:

```
clear all;close all; % 清除变量,关闭绘图窗口
% matlabpool open 4; %打开 4 核并行,也可以使用 matlabpool local 4
% matlabpool close; %关闭 matlab 之前尽量把并行池关闭
% %为了避免无法运行,此处生成随机的风压时程数据
xmin = 0;xmax = 2;ymin = 0;ymax = 1; %定义云图绘制范围
xl = linspace(xmin,xmax,81)'; % x 坐标
yl = linspace(ymin,ymax,51)'; % y 坐标
[X,Y] = meshgrid(xl,yl); % 生成网格
x = reshape(X,[],1);y = reshape(Y,[],1);Np = length(x); %得到节点坐标
Nt = 10; %定义时程数据长度
Pt = rand(Np,Nt); %生成随机风压时程数据
zmin = 0;zmax = 1; % Pt 的上下限
Pressure_history = [x,y,Pt]; %将坐标和时间数据组合
% %方法 1,非并行
tic; %开始计时
Z_p_all = cell(1,Nt); %将每个时间步的云图数据保存到元胞数组
set (gcf,'Position',[100,200,600,500], 'color','w'); %设置绘图窗口大小,可自行
调整
for i = 1:Nt %根据需要选定时刻进行绘制
    %根据散点插值得到网格点
    data = [Pressure_history(:,1:2),Pressure_history(:,i+2)]; %某个时刻的
所有节点数据 [x,y,Pt_i]
    [X,Y,Z_p] = griddata(data(:,1),data(:,2),data(:,3),linspace(xmin,xmax,31)',
linspace(ymin,ymax,21),'v4'); % 数据插值,插值方法 v4
    Z_p_all{i} = Z_p; % 插值结果保存到元胞数组中
    %绘图
    [C,h] = contourf(X,Y,Z_p_all{i},20,'linestyle','none'); % 云图绘制
    shading flat; % 光滑过渡
    set(colorbar('SouthOutside')); % 设置色棒的位置,这里是放在图下方
    caxis([zmin zmax]); %定义色棒的刻度范围
    set(gca,'FontName','Times New Roman','FontSize',12); %定义字体、字号
    set(gca, 'PlotBoxAspectRatio',[(xmax-xmin)/(ymax-ymin) 1 1],'XLim',[xmin
xmax],...
                                    'YLim',[ymin ymax],'ZLim',[0 1]); %定义
云图范围及比例
    ab = 15;xlabel('{\itx}/m','FontName','Times New Roman','fontsize',ab); % x 轴的
名称、字体和字号
    ylabel('{\ity}/m','FontName','Times New Roman','fontsize',ab); % y 轴的名称、字
```

体和字号

      set(gca,'xtick',[xmin:0.2:xmax],'ytick',[ymin:0.1:ymax]); % x,y轴刻度,这
个刻度可以根据情况定义

      str = strcat('Time (s):',num2str(i,'%02d')); % 如果是3位数,改成%03d

      title(str,'FontName','Times New Roman','fontsize',ab); % 标题的名称、字体和
字号

      M(i) = getframe(gcf); % 保存当前图片窗口

    end

    timeelapse = roundn(toc,-1); % 结束计时,保留一位小数点

    fprintf(strcat('耗时 = ',num2str(timeelapse),'秒\n')); % 在屏幕中输出耗时

    movie2avi(M, 'my.avi', 'compression', 'None','FPS',2); % Matlab 低版本使用,保存
视频

    %% 方法2,parfor 并行

    tic; % 开始计时

    Z_p_all = cell(1,Nt); % 将每个时间步的云图数据保存到元胞数组

    parfor i = 1:Nt % 根据需要选定时刻进行绘制

      %根据散点插值得到网格点

      data = [Pressure_history(:,1:2),Pressure_history(:,i+2)]; % 某个时刻的
所有节点数据 [x,y,Pt_i]

      [X,Y,Z_p] = griddata(data(:,1),data(:,2),data(:,3),linspace(xmin,xmax,31)',
linspace(ymin,ymax,21)','v4'); % 数据插值,插值方式为v4

      Z_p_all{i} = Z_p; % 插值结果保存到元胞数组中

    end

    [X,Y] = meshgrid(linspace(xmin,xmax,31)',linspace(ymin,ymax,21)); % 网格坐标

    for i = 1:Nt % 针对每个时程进行云图绘制

      %绘图

      [C,h] = contourf(X,Y,Z_p_all{i},20,'linestyle','none'); % 云图绘制

      shading flat; % 光滑过渡

      set(colorbar('SouthOutside')); % 设置色棒的位置,这里是放在图下方

      caxis([zmin zmax]); % 定义色棒的刻度范围

      set(gca,'FontName','Times New Roman','FontSize',12); % 定义字体、字号

      set(gca, 'PlotBoxAspectRatio',[(xmax-xmin)/(ymax-ymin) 1 1],'XLim',[xmin
xmax],...

                             'YLim',[ymin ymax],'ZLim',[0 1]); % 定义
云图范围及比例

      ab = 15;xlabel('{\itx}/m','FontName','Times New Roman','fontsize',ab); % x轴的
名称、字体和字号

      ylabel('{\ity}/m','FontName','Times New Roman','fontsize',ab); % y轴的名称、字
体和字号

set(gca,'xtick',[xmin:0.2:xmax],'ytick',[ymin:0.1:ymax]); % x、y 轴刻度,这
个刻度可以根据情况定义

str = strcat('Time (s):',num2str(i,'%02d')); %如果是 3 位数,改成 %03d

title(str,'FontName','Times New Roman','fontsize',ab); %标题的名称、字体和
字号

M(i) = getframe(gcf); %保存当前图片窗口

end

timeelapse2 = roundn(toc,-1); %结束计时,保留一位小数点

fprintf(strcat('耗时 = ',num2str(timeelapse2),'秒\n')); % 在屏幕中输出耗时

movie2avi(M, 'my2.avi', 'compression', 'None','FPS',2); % Matlab 低版本使用,保存视
频

知识点：parfor 并行、云图绘制函数 contourf、动画制作函数 movie2avi

代码解读：

程序运行后会自动生成 my.avi 和 my2.avi 两个视频,记录的内容均为风压分布云图
时程变化情况。前者为串行 for 循环的计算结果,后者为并行 parfor 循环的计算结果。首
先,生成随机分布的风压时程数据,用于代替实测或模拟数据。然后,利用方法 1 的串行
for 循环插值计算每个时程下矩形网格节点的风压分布数据,并绘制云图,制作动画。接
着,利用方法 2 的并行 parfor 循环插值计算风压分布数据,每个时程的数据为二维矩阵,
保存到元胞数组对应的单元中。最后,利用串行 for 循环进行每个时程云图的绘制和动画
的制作。

本例中,串行计算耗时为 23.9s,并行计算耗时为 17.8s,耗时缩短了 25.5%。读者
可尝试修改时程步 Nt 变量,然后再对比耗时缩短的程度。总体而言,时程步越长,parfor
循环内的计算耗时越长,并行计算的效率提高效果越显著。

8.3　本章小结

本章介绍了 MATLAB 中并行计算的方法,并设计了 3 个相关的实践案例,具体包含
以下几方面的内容:

1. MATLAB 的并行计算理论方法,包括 parfor 并行和 spmd 并行。

2. MATLAB 并行计算的 3 个实践案例,包括 parfor 并行计算矩阵每列的均方根误差、
spmd 并行处理数据以及 parfor 并行绘制风压时程云图动画。

通过本章内容的学习,读者能够掌握 MATLAB 中并行计算的两种方法,即 parfor 并
行和 spmd 并行。

第
9
章

工具箱应用

MATLAB 集成了非常丰富的工具箱，可供用户选择。本章主要介绍 MATLAB 的部分工具箱，并针对性地设计了相应的实践案例，帮助读者快速掌握各种工具箱的应用方法。

9.1　工具箱功能介绍

MATLAB 作为一款商用软件，将各个行业的用户可能需要用到的功能进行了集成，做成了相应的工具箱，为用户提供了极大的便利。初学者可以非常方便地调出工具箱，并根据工具箱的界面引导进行程序设计，还可以在设计后生成对应的程序代码，后续直接修改程序代码也十分便捷。前面的章节中，已经介绍了 MATLAB 中的部分工具箱，如数据拟合工具箱 cftool、滤波器工具箱 fdatool 等。本章将介绍 MATLAB 中的一些其他工具箱，包括小波变换工具箱 wavemenu、优化工具箱 optimtool、神经网络工具箱 ntstool 以及深度学习工具箱 deepNetworkDesigner。

9.1.1　小波变换工具箱

小波变换（wavelet transform，WT）是一种新的变换分析方法，它继承和发展了短时傅里叶变换局部化的思想，同时又克服了窗口大小不随频率变化等缺点，能够提供一个随频率改变的"时间—频率"窗口，是进行信号时频分析和处理的理想工具。它的主要特点是通过变换能够充分突出问题某些方面的特征，能对时间（空间）频率局部化分析，通过伸缩平移运算对信号（函数）逐步进行多尺度细化，最终达到高频处时间细分、低频处频率细分，能自动适应时频信号分析的要求，从而可聚焦到信号的任意细节，解决了傅里叶变换存在的问题，成为继傅里叶变换以来在科学方法上的重大突破。

小波变换工具箱可在命令窗口中输入 wavemenu 命令进行调用，或在 MATLAB 菜单栏的【APPS】中点击【Wavelet Design & Analysis】打开，其工作界面如图 9-1 所示。该工具箱包含的类型众多，以一维小波变换为例，点击【Wavelet 1-D】，可打开对应功能的工作界面。用户可以在读取信号数据文件或在工作空间内导入时程信号变量，然后在工作界面右侧选择小波基函数以及对应的阶数等参数，然后对时程信号进行分解和分析。

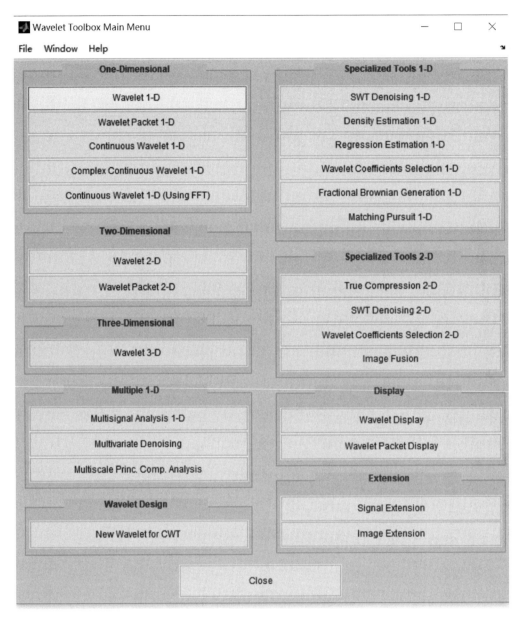

图 9-1　小波变换工具箱工作界面

此处以自带的数据为例，点击【File】-【Example Analysis】-【Basic Signals】-【Sum of sines】，得到结果如图 9-2 所示。该时程数据为若干余弦信号叠加而成，采用 db3 小波基函数，将原信号分解为 5 层，其中 a5 为近似信号，代表信号中的低频成分，d5 至 d1 表示细节信号，代表信号中的高频成分。读者可以尝试修改小波基函数或分解层数，对比信号分解的效果。需要注意的是，通过调用小波变换工具箱内的相关函数，可以达到与工具箱类似的效果，即可以通过程序代码实现对应的功能。这部分内容将在后续的案例中进行详细阐述。

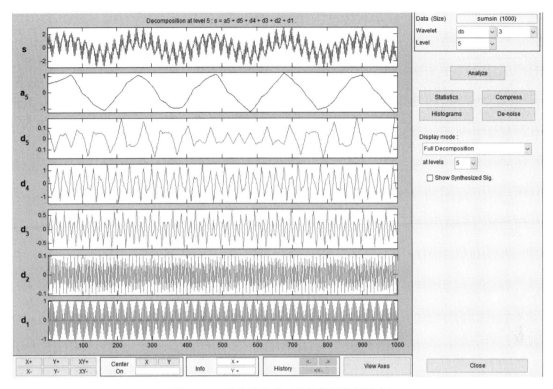

图 9-2　一维小波变换工具箱使用案例示意

9.1.2　优化工具箱

最优化是应用数学的一个分支，主要指在一定条件限制下，选取某种研究方案使目标达到最优的一种方法。最优化问题在当今的军事、工程、管理等领域有着极其广泛的应用。例如，目前的深度学习模型建立都涉及目标函数优化的问题。常用的优化算法包括梯度下降法、牛顿法、拟牛顿法、共轭梯度法、启发式优化算法、拉格朗日乘数法等，其中启发式优化算法包括模拟退火算法、遗传算法、蚁群算法以及粒子群算法等。优化类型可以大致分为无约束问题和约束问题，不同问题的求解方式也存在一定差异。

在 MATLAB 中，可使用 optimtool 命令调用优化工具箱，或在 MATLAB 菜单栏【APPS】中点击【Optimization】打开，其工作界面如图 9-3 所示。在该工作界面的左侧可定义优化问题的相关描述，如求解器、目标函数、起始点、约束条件、上下界，界面右侧可修改一些优化求解参数，通常采用默认值即可满足需求。设置好所有参数后，点击【Start】即可开始优化求解。该求解器包含的功能较为丰富，遗传算法和模拟退火算法也在其内。针对不同的优化问题，用户应选择对应的求解器，然后设置相应参数进行求解。

9.1.3　神经网络工具箱

人工神经网络（artificial neural networks，ANN）是一种模仿动物神经网络行为特征，进行分布式并行信息处理的算法数学模型。这种网络依靠系统的复杂程度，通过调整

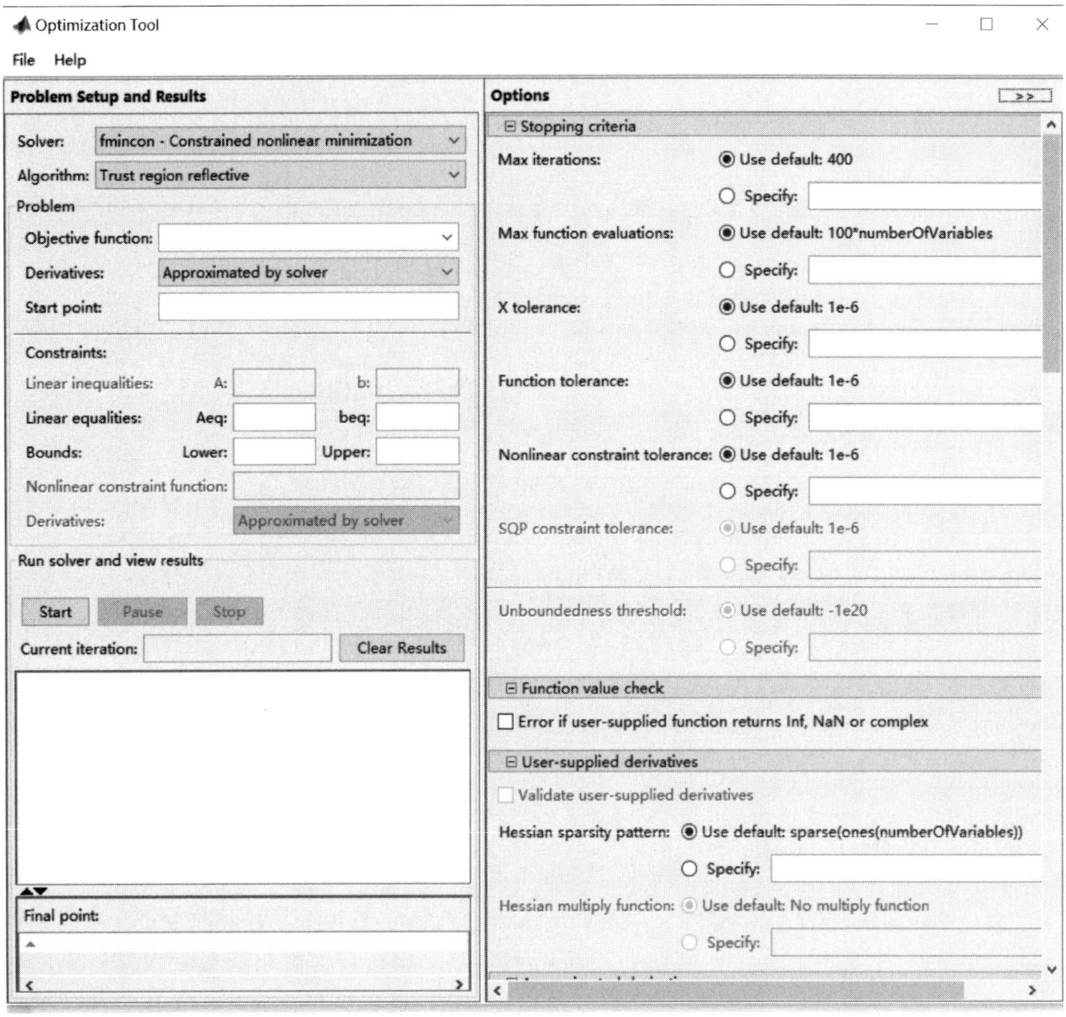

图 9-3　优化工具箱工作界面

内部大量节点之间相互连接的关系，从而达到处理信息的目的。生物神经网络主要是指人脑的神经网络，它是人工神经网络的技术原型。人脑是人类思维的物质基础，思维的功能定位在大脑皮层，后者含有大约 10^{11} 个神经元，每个神经元又通过神经突触与大约 10^3 个其他神经元相连，形成一个高度复杂、高度灵活的动态网络。作为一门学科，生物神经网络主要研究人脑神经网络的结构、功能及其工作机制，意在探索人脑思维和智能活动的规律。人工神经网络是生物神经网络在某种简化意义下的技术复现。它的主要任务是根据生物神经网络的原理和实际应用的需要，建造实用的人工神经网络模型，设计相应的学习算法，模拟人脑的某种智能活动，然后在技术上实现出来用以解决实际问题。因此，生物神经网络主要研究智能的机理，而人工神经网络主要研究智能机理的实现，两者相辅相成。

在 MATLAB 中，神经网络工具箱有很多，可解决诸如拟合、分类和时间序列预测等问题。以时间序列预测为例，可使用 ntstool 命令调用神经网络工具箱，或在 MATLAB

菜单栏【APPS】中点击【Neural Net Time Series】打开，其工作界面如图 9-4 所示。在每个工具箱中，都可定义相关功能，导入数据或采用自带案例数据，进行模型分析。用户可针对性地进行相应的了解。

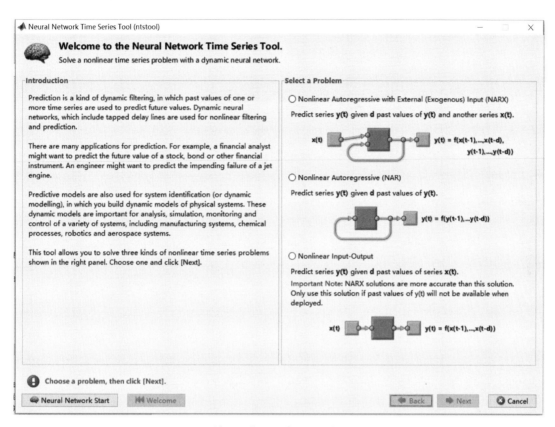

图 9-4　神经网络时间序列工具箱工作界面

9.1.4　深度学习工具箱

深度学习（deep learning，DL）是机器学习领域中一个新的研究方向，它被引入机器学习使其更接近于最初的目标，即人工智能。深度学习是学习样本数据的内在规律和表示层次，这些学习过程中获得的信息对诸如文字、图像和声音等数据的解释有很大帮助。它的最终目标是让机器能够像人一样具有分析学习能力，能够识别文字、图像和声音等数据。深度学习是一个复杂的机器学习算法，在语音和图像识别方面取得的效果，远远超过先前相关技术。深度学习在搜索技术、数据挖掘、机器学习、机器翻译、自然语言处理、多媒体学习、语音、推荐和个性化技术以及其他相关领域都取得了很多成果。深度学习使机器模仿视听和思考等人类的活动，解决了很多复杂的模式识别难题，使得人工智能相关技术取得了很大进步。从广义上说，深度学习的网络结构也是多层神经网络的一种。传统意义上的多层神经网络是只有输入层、隐藏层、输出层。其中隐藏层的层数根据需要而定，没有明确的理论推导来说明到底多少层合适。而深度学习中最著名的卷积神经网络CNN（由手工设计卷积核变成自动卷积核），在原来多层神经网络的基础上，加入了特征学习部分，这部分可以模仿人脑对信号处理上的分级。

深度学习需要先搭建模型框架，然后进行模型参数设定和评估，最后才能使用评估得到的深度学习模型进行分类或预测。在 MATLAB 中，可使用 deepNetworkDesigner 命令调用深度学习模型框架搭建工具箱，或在 MATLAB 菜单栏【APPS】中点击【Deep Network Quantizer】打开，其工作界面如图 9-5 所示。在该工具箱中，用户可通过鼠标拖拽的方式，形成一套完整的深度学习模型框架，同时设置相应的模型参数。

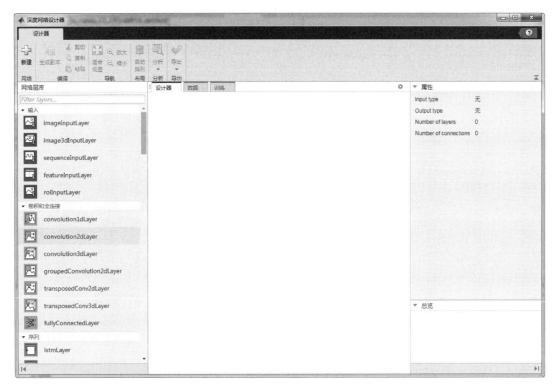

图 9-5 深度学习工具箱工作界面

9.2 工具箱实践案例

针对上述介绍的 MATLAB 几种工具箱，本节针对性地设计了对应的实践案例，包括小波变换工具箱分解时间序列信号、优化工具箱寻找目标函数最优值、神经网络工具箱预测短期时间序列信号、深度学习工具箱预测短期时间序列信号，便于读者更好地掌握工具箱的使用方法。

9.2.1 实践：小波变换工具箱分解时间序列信号

本节提供了一个小波变换工具箱的相关案例，利用一维小波变换将时间序列信号分解为低频和高频成分。

【例 9-1】假设理想信号为 $f_1(t) = 10\sin(2\pi \times t)$，理想信号中混入了噪声信号 $f_2(t) =$

$2\sin(2\pi\times 20t)$，因此实测原始信号为 $f(t)=f_1(t)+f_2(t)$。请用小波变换将时程信号进行分解。

代码如下：

```
clear all;close all;% 清除变量,关闭绘图窗口
%%构造时程信号
t = linspace(0,10,1001)';% 时间自变量
data1 = 10 * sin(2 * pi * 1 * t);%理想信号
data2 = 2 * sin(2 * pi * 20 * t);%噪声信号
data = data1 + data2；%原始信号 = 理想信号 + 噪声信号
%%小波分解
N_dec = 2;%小波分解层数
Method_dec = 'db3';% Method_dec:小波变换方法
[c,l] = wavedec(data,N_dec,Method_dec);%小波分解函数
acoef = wrcoef('a',c,l,Method_dec,N_dec);%小波分解近似信号,低频
dcoef = zeros(length(data),N_dec);%小波分解细节信号,高频,初始化
for i = 1:N_dec % 对于每层,进行计算细节信号
    dcoef(:,i) = wrcoef('d',c,l,Method_dec,i);%每层的细节信号
end
%%绘图
figure;% 新建绘图窗口
set(gcf,'Position',[100,100,640,740]);% 设置绘图窗口的位置、宽度和高度
%原始信号, = 近似信号 + 所有层的细节信号
subplot(N_dec + 2,1,1);% 第 1 个子图
set(gca,'FontName','Times New Roman','FontSize',10);% 设置字体和字号
plot(t,data,'r');% 绘图
title('原始信号');% 标题
xlabel('时间(s)');ylabel('信号值');% x 轴和 y 轴的名称
axis([min(t) max(t) min(data) max(data)]);% x 轴和 y 轴的范围
%近似信号
subplot(N_dec + 2,1,2);% 第 2 个子图
set(gca,'FontName','Times New Roman','FontSize',10);% 设置字体和字号
plot(t,acoef);% 绘图
title('近似信号');% 标题
xlabel('时间(s)');ylabel('信号值');% x 轴和 y 轴的名称
%细节信号
for i = 1:N_dec % 针对每层,分别绘制细节信号时程图
    subplot(N_dec + 2,1,i + 2);% 第 i + 2 个子图
    set(gca,'FontName','Times New Roman','FontSize',10);% 设置字体和字号
    plot(t,dcoef(:,i));ylabel(['d',num2str(i)]);% 绘图
```

```
    xlabel('时间(s)');ylabel('信号值'); % x 轴和 y 轴的名称
    axis([min(t) max(t) min(dcoef(:,i)) max(dcoef(:,i))]); % x 轴和 y 轴的范围
    title(['细节系数第',num2str(i),'层重构曲线']); % 标题
end
data_wave = acoef + sum(dcoef')'; % 原始信号 = 近似信号 + 所有层的细节信号
error = max(abs(data-data_wave)) % 对比小波分解信号与原信号的误差,非常小
```

知识点：小波变换工具箱 wavemenu

代码解读：

本程序运行后得到结果如图 9-6 所示，展示了实测原始信号，以及利用小波变换后得到的近似信号和各层的细节信号。

第一，构造时程信号数据。第二，定义小波变换的相关参数，包括小波基函数和分解层数，本例小波基函数选取 db3，分解层数为 2，读者可尝试修改小波基函数或分解层数，对比信号分解的效果。第三，利用 wavedec 函数将原始信号进行分解，然后利用 wrcoef 函数重构近似信号和细节信号，绘制对应的时程曲线。第四，对比小波变换后的信号是否与原信号吻合，这一步是为了帮助读者更好地理解小波变换理论。

通过本例可以发现，小波变换后得到的近似信号很好地反映了原始信号中的低频趋势，对于信号的时程分析具有很大的价值。同时也可以看出，原信号中的高频噪声在近似信号中不再存在，因此也可以基于小波变换方法对第 7 章的滤波器进行相应的设计，同样可以达到信号低通滤波的效果。

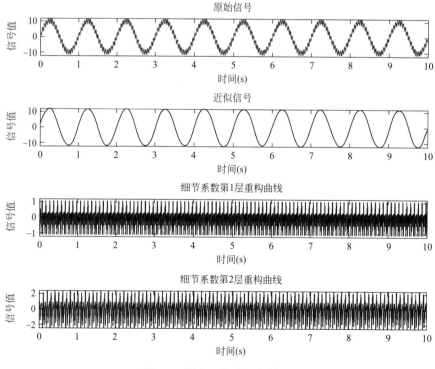

图 9-6 【例 9-1】的运行结果

9.2.2　实践：优化工具箱寻找目标函数最优值

本节提供了一个优化工具箱的使用案例，利用优化工具箱来查找目标函数的最小值。

【例 9-2】假设目标函数的表达式为 $f(x，y) = xe^{-(x^2+y^2)} + \dfrac{x^2+y^2}{10}$，$x = [-2，2]$，$y = [-2，2]$。请利用优化工具箱查找函数的最小值。

代码如下（适用 MATLAB 高级版本）：

```
clear all;close all; % 清除变量,关闭绘图窗口
%% 目标函数
func = @(x,y) x. * exp(-(x.^2 + y.^2)) + (x.^2 + y.^2)/20; % 目标函数
x0 = [0,0]; % 初始点
xmin = -2;xmax = 2;ymin = -2;ymax = 2; % 上下限
%% 绘制云图,直观查看结果
[X,Y] = meshgrid(linspace(xmin,xmax,101),linspace(ymin,ymax,101)); % 网格
节点
Fxy = func(X,Y); % 函数值
aa = find(Fxy = = min(Fxy,[],'all')); % 查找最小值所在位置,适用于 MATLAB 高级
版本
Fxy_min = [X(aa),Y(aa),Fxy(aa)] % 最小值的[x,y,fxy],此为网格节点查询最优的
方法
[C,h] = contourf(X,Y,Fxy,'LineStyle','none'); % 绘制云图
shading flat; % 平滑过渡
colorbar; % 调出颜色对应的色棒
colormap('jet'); % 设置 colormap
set(gca,'FontName','Times New Roman','FontSize',12); % 设置字体和字号
set(gca, 'PlotBoxAspectRatio',[(xmax-xmin)/(ymax-ymin) 1 1],'XLim',[xmin xmax],
'YLim',[ymin ymax],'ZLim',[0 1]); % 设置图形范围和比例
ab = 15;xlabel('{\itx}','fontsize',ab); % x 轴的名称和字号
ylabel('{\ity}','fontsize',ab); % y 轴的名称和字号
%% 优化工具箱,查找目标函数最小值
% 优化器设置
options = optimoptions('fmincon'); % 采用 fmincon,解决有约束最小值求解问题
options. Algorithm = 'interior-point'; % 优化算法
options. Display = 'off'; % 是否显示优化过程
% 优化目标问题
problem. objective = @(x) func(x(1),x(2)); % 优化目标函数
problem. x0 = x0; % 初始值
problem. solver = 'fmincon'; % 求解器
problem. options = options; % 求解问题优化器设置
```

problem.lb = [xmin ymin]；% 下限

problem.ub = [xmax ymax]；% 上限

xy_optim = fmincon(problem)；% 利用优化器求解得到的函数最小值

Fxy_optim = [xy_optim,problem.objective(xy_optim)] % 最小值的[x,y,fxy]，此为优化器求解最优的方法

知识点：优化工具箱 optimtool、最小值函数 min

代码解读：

本程序运行后得到结果如图 9-7 所示，展示了目标函数在区域内的分布云图，通过该云图可大致确定目标函数最小值的大小和位置。同时，程序运行后会在屏幕上输出用网格搜索法和优化工具箱法分别找到的函数最小值的结果。

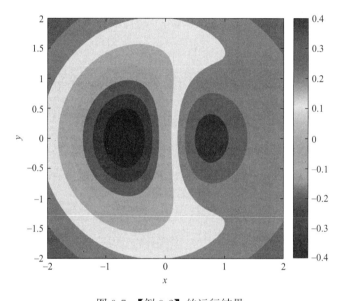

图 9-7 【例 9-2】的运行结果

第一，定义目标函数，设置自变量的上下限。利用生成网格的方法，查找函数最小值。例如，将 x 和 y 方向分别分成 100 份，分别计算每个网格节点的值，从中找到函数的最小值。这里利用了 min 函数查找，在高版本 MATLAB 中，该函数可指定参数，如本例的 min (Fxy, [], 'all')，含义为查找矩阵变量 Fxy 内所有值中的最小值。第二，绘制目标函数在网格节点上的分布云图。需要注意的是，这种网格搜索的方法尽管非常简单，但是存在一些比较严重的缺陷：（1）只能根据划分的网格确定最优值，分辨率由划分的网格决定，精度有限；（2）当优化问题极其复杂且多维度时，网格搜索的方法不再适用，计算量过于庞大。

本程序还提供了优化工具箱代码方式进行函数寻优。首先设定优化器，选择 fmincon 求解器，此为有约束条件寻找最小值的求解算法。其次，设定待优化的目标函数和问题描述，核心参数包括目标函数、求解器、约束条件、迭代初值等。最后，利用 fmincon 函数查找目标函数最小值所在位置。本例中，优化工具箱查找的最小值比网格搜索法得到的最小值更小，证明了优化工具箱的合理性与正确性。

读者可以思考一下，如果问题不是查找最小值而是最大值，应该如何修改程序代码？其实只需要将目标函数取一个负值即可，然后将找到的最小值重新取负，恢复为原数值。

9.2.3　实践：神经网络工具箱预测短期时间序列信号

本节提供了一个神经网络工具箱的相关案例，利用神经网络工具箱进行时间序列信号的短期预测。

【例 9-3】对于已知的时间序列信号，请利用神经网络工具箱进行时间信号的短期预测。

代码如下：

主程序 test9 _ 3. m 文件：

```
clear all;close all; % 清除变量,关闭绘图窗口
% % 假定时程信号
Nstep = 100; % 用于评估的数据有 100 个
kstep = 10; % 需要预测的数据有 10 个
N = Nstep + kstep; % 总数据数目为 110 个
data = zeros(N,1);data(1) = 1;data(2) = 0.5; % 数据初始 2 个值
for i = 3:N % 循环计算后面的数值,构造信号
    data(i) = 1 + 0.8 * data(i-1)-0.95 * data(i-2) + 0.05 * randn(1,1); % 假定时程
信号,添加一定的随机数
end
u_all = data(1:N); % 所有的信号
u_his = u_all(1:Nstep); % 评估的信号
u_pred_exact = u_all(Nstep + 1:N); % 预测的信号
% % 神经网络模型评估
% u_his_model:% 记录模型评估所有参数
% u_his_1step:% 记录数据单步评估结果
[u_his_model,u_his_1step] = Wind_ANNs1(u_his); % 调用自定义 Wind_ANNs1 函数,
进行模型评估
% % 1 步预测
predstep = 1; % 预测步数可根据需要调整
u_pred = zeros(kstep,1); % 预测结果初始化
for k = 1:kstep % 针对每个时间步,进行 predstep 步提前预测
    ut = Wind_ANNs2(u_all(1:Nstep + k-predstep),u_his_model,predstep); % 调用
自定义 Wind_ANNs2 函数,进行模型预测
    u_pred(k) = ut(end); % ut 返回的是提前 kstep 步的所有预测结果,这里只需要
用到最后一个数据
end
% u_pred = max(u_pred,0); % 为避免预测值小于 0,设定此值,其他问题可根据情况而定
% % 绘图并评估预测误差
```

```
% 时程信号图
figure; % 新建绘图窗口
plot(1:N,u_all,'o-k',Nstep + 1:N,u_pred,'s-b',1:Nstep,u_his_1step,'+-r'); % 绘图
grid on; % 网格线
set(gca,'FontName','Times New Roman','FontSize',12); % 字体和字号
xlabel('时间步');ylabel('信号值'); % x 轴和 y 轴的名称
legend('实测值','单步预测值','评估值','location','northwest'); % 标注的内容和位置
% 预测误差图
x_err = [1:kstep]'; % 预测步
y0 = u_pred_exact; % 信号真值
y1 = u_pred; % 信号预测值
err1 = (y1-y0); % 每步预测的误差
err_MAE1 = cumsum(abs(err1))./x_err; % MAE 误差
err_RMSE1 = sqrt(cumsum(err1.^2)./x_err); % RMSE 误差
err_MAPE1 = cumsum(abs(err1./y0))./x_err * 100; % MAPE 误差
figure; % 新建绘图窗口
subplot(2,2,1); % 第 1 个子图
plot(x_err,err1,'s-b'); % 绘图
set(gca,'FontName','Times New Roman','FontSize',12); % 字体和字号
xlabel('预测时间步');ylabel('绝对误差'); % x 轴和 y 轴的名称
title('绝对误差 err'); % 标题的名称
subplot(2,2,2); % 第 2 个子图
plot(x_err,err_MAE1,'s-b'); % 绘图
set(gca,'FontName','Times New Roman','FontSize',12); % 字体和字号
xlabel('预测时间步');ylabel('MAE 误差'); % x 轴和 y 轴的名称
title('平均绝对误差 MAE'); % 标题的名称
subplot(2,2,3); % 第 3 个子图
plot(x_err,err_RMSE1,'s-b'); % 绘图
set(gca,'FontName','Times New Roman','FontSize',12); % 字体和字号
xlabel('预测时间步');ylabel('RMSE 误差'); % x 轴和 y 轴的名称
title('均方根误差 RMSE'); % 标题的名称
subplot(2,2,4); % 第 4 个子图
plot(x_err,err_MAPE1,'s-b'); % 绘图
set(gca,'FontName','Times New Roman','FontSize',12); % 字体和字号
xlabel('预测时间步');ylabel('MAPE 误差 ( % )'); % x 轴和 y 轴的名称
title('平均相对误差 MAPE'); % 标题的名称
% % 保存模型预测结果,以结构数据方式保存
result. u_his = u_his; % 用于模型评估的时程信号
result. u_all = u_all; % 所有的时程信号
```

result. Nstep = Nstep；% 评估时程信号的样本长度

result. N = N；% 所有时程信号的样本长度

result. u_his_1step = u_his_1step；% 模型评估的信号结果

result. model = u_his_model；% 模型评估的所有相关参数

result. u_pred_1step = u_pred；% 模型预测的信号结果

result. err_1step = [err1,err_MAE1,err_RMSE1,err_MAPE1]；% 模型预测的误差分析结果,[绝对误差,MAE 误差,RMSE 误差,MAPE 误差]

子程序 Wind_ANNs1. m 文件：

```
function [net,u_his_1step] = Wind_ANNs1(u_his)
% 用于模型评估,获取评估的模型参数及模型评估的信号结果
% u_his:待评估的时程信号,列向量
% net:模型评估的参数结果
% u_his_1step:模型评估的信号结果
Nstep = length(u_his); % 样本长度
% 参数设置
targetSeries = tonndata(u_his',true,false);
feedbackDelays = 1:4; P = feedbackDelays(end); % 根据历史 P 个数据建立预测
模型
hiddenLayerSize = 3; % 神经网络隐藏层数量
net = narnet(feedbackDelays,hiddenLayerSize);
net. inputs{1}. processFcns = {'removeconstantrows','mapminmax'};
[inputs, inputStates, layerStates, targets] = preparets (net,{ },{ },target-
Series);
net. divideFcn = 'dividerand';   % 随机分割数据
net. divideMode = 'time';
net. divideParam. trainRatio = 70/100; % 70 % 数据作为训练集
net. divideParam. valRatio = 15/100; % 15 % 数据作为验证集
net. divideParam. testRatio = 15/100; % 15 % 数据作为测试集
net. trainFcn = 'trainlm';   % Levenberg-Marquardt
net. performFcn = 'mse';   % 用 MSE 误差评估模型
net. plotFcns = {'plotperform','plottrainstate','plotresponse',...
                  'ploterrcorr', 'plotinerrcorr'};
net. trainParam. max_fail = 10; % 允许误差增加的最大次数
net. trainParam. epochs = 1000; % 迭代最大步数
net. trainParam. min_grad = 1e-10; % 迭代最小梯度
% 训练
[net,tr] = train(net,inputs,targets,inputStates,layerStates); % 网络训练
outputs = net(inputs,inputStates,layerStates); % 获取输出
errors = gsubtract(targets,outputs); % 获取误差
```

```
performance = perform(net,targets,outputs); % 评估模型表现
u_pred_train = [u_his(1:P);cell2mat(outputs)'];
  % 屏幕输出评估参数,迭代数 Epoch,梯度 Gradient,误差连续不下降次数 Validation checks
train_result = [tr.epoch(end),tr.gradient(end),tr.val_fail(end)]  % 模型训练
的效果,在屏幕中输出
  % 前 Nstep 步模型评估结果
targetSeries = tonndata(u_his',true,false);
[inputs,inputStates,layerStates,targets] = preparets(net,{ },{ },target-
Series);
outputs = net(inputs,inputStates,layerStates);
u_his_1step = [u_his(1:P);cell2mat(outputs)'];  % 模型评估的信号结果,可理解为
1 步评估值
```

子程序 Wind_ANNs2. m 文件:

```
function u_pred = Wind_ANNs2(u_his,net,kstep)
  % 用于模型预测
  % u_his:评估的时程信号,列向量
  % net:模型评估的参数结果
  % kstep:预测的步长
  % u_pred:提前 kstep 步的信号预测结果
Nstep = length(u_his); % 评估样本的长度
N = Nstep + kstep; % 考虑预测样本的总长度
  % 参数
P = net.numInputDelays; % 根据历史 P 个数据建立预测模型,需与模型训练的 P 值保
持一致
  % 预测 kstep 步
output_test2 = zeros(kstep,1); % 前面补足 0
netc = closeloop(net);
targetSeries = tonndata([u_his(Nstep-P+1:Nstep);output_test2]',true,false);
[xc,xic,aic,tc] = preparets(netc,{ },{ },targetSeries);
yc = netc(xc,xic,aic);
u_pred = cell2mat(yc)';
```

知识点:神经网络工具箱 ntstool、结构数组、累计求和函数 cumsum

代码解读:

本程序包含 1 个主程序文件(test9_3.m)和 2 个子程序文件(Wind_ANNs1.m 和 Wind_ANNs2.m),程序运行后结果如图 9-8 所示,包括预测的时程数据和误差分析。

首先,构造时程信号,然后利用自编的子程序 Wind_ANNs1.m 进行模型参数的评估。该子程序中,用户需定义隐藏层层数 hiddenLayerSize 和时程阶数 P,这两个参数需根据数据特征确定,其余参数建议采用默认值即可。子程序返回两个变量,一个是评估的模型,包括模型的所有参数;另一个是时程信号的评估结果,与信号真值对比可评估获取模

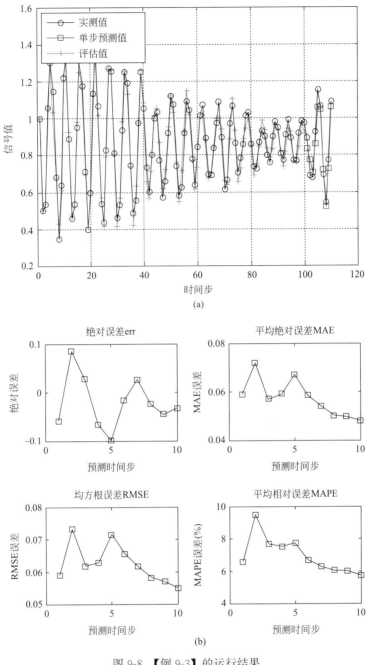

图 9-8 【例 9-3】的运行结果

（a）时程分析；（b）误差分析

型的误差。

其次，定义提前预测步长，利用自编的子程序 Wind _ ANNs2. m 预测时间信号。本例提供的是提前 1 步预测，同时给出了模型预测的误差分析结果，包括绝对误差 err、平均绝对误差 MAE、均方根误差 RMSE、平均相对误差 MAPE。根据误差图，可以直观看出该模型的预测精度。

最后，将该模型的所有预测结果保存到结构数组 result 里面，这部分内容属于可选，用户可根据自己的需求选择是否运行。保存为结构数组的优势在于，通过一个变量即可记录和查看所有结果，当需要针对多种预测模型进行对比和误差分析时，这种方式可以提供极大的便利。

9.2.4 实践：深度学习工具箱预测短期时间序列信号

本节提供了一个深度学习工具箱的相关案例，与【例9-3】较为类似，用于进行短期时程信号的预测。

【例9-4】对于已知的时间序列信号，请利用深度学习工具箱进行时间信号的多步预测。

代码如下（适用于高版本 MATLAB）：

```
clear all;close all; % 清除变量,关闭绘图窗口
% % 创造序列,如果有数据可以改为读取数据文件
N = 300; % 样本数
data = zeros(1,N);data(1) = 1;data(2) = 0.5; % 数据初始的 2 个值
for i = 3:N % 循环计算数据后面的数值,由此构造时程信号
    data(i) = 1 + 0.8 * data(i-1)-0.95 * data(i-2) + 0.05 * randn(1,1); % 假定时程
信号,添加一定的随机数
end
% % 分割为训练集、验证集和测试集,其中测试集为完全未知
lag = 6; % 用若干数据来预测后续值,不用全部的数据
kstep = 24; % 测试集有 24 个数
% 用训练集和验证集归一化
mu = mean(data(1:end-kstep)); % 训练集的平均值
sig = std(data(1:end-kstep)); % 训练集的标准差
dataStandardized = (data-mu)/sig; % 数据归一化
for ii = 1:length(data)-lag % 循环构造模型的输入和输出
    X{ii} = dataStandardized(ii:ii + lag-1); % 输入数据
    Y(ii) = dataStandardized(ii + lag); % 输出数据
end
% 测试集
XTest = X(end-kstep + 1:end); % 最后 kstep 数为测试集
YTest = Y(end-kstep + 1:end);YTest = YTest * sig + mu; % 测试集需要恢复为真值,便
于后续对比
% 训练集 + 验证集
num_trainvalid = size(X,2)-kstep; % 训练集 + 验证集的样本长度
train_rate = 0.7; % 70 % 用于训练
num_train = floor(train_rate * num_trainvalid); % 训练集的数量
num_valid = num_trainvalid-num_train; % 验证集的数量
```

```
randnum = randperm(num_trainvalid);  %随机打乱顺序,作为训练和验证
XTrain = X(randnum(1:num_train));YTrain = Y(randnum(1:num_train));  % 训练集,X
```
为输入,Y 为输出
```
XValid = X(randnum(end-num_valid + 1:end));YValid = Y(randnum(end-num_valid + 1:
```
end)); % 验证集,X 为输入,Y 为输出
```
%%定义网络
numHiddenUnits = 2~4;  %隐藏层层数
% layers 为建立的深度学习模型,有 2 层
layers = [sequenceInputLayer(1)
    lstmLayer(numHiddenUnits,'OutputMode','sequence')
    dropoutLayer(0.2)
    lstmLayer(numHiddenUnits,'OutputMode','last')
    dropoutLayer(0.2)
    fullyConnectedLayer(1)
    regressionLayer];
% options 为模型训练设定的参数
options = trainingOptions("adam",...  %求解器
    'MaxEpochs',200,...  %最大迭代步
    'SequencePaddingDirection',"left",...
    'Shuffle',"every-epoch",...  %每步打乱顺序
    'Plots',"training-progress",...  %展示训练过程
    'ValidationData',{XValid,YValid'},...  % 用验证集校正训练集得到的模型
    'ValidationFrequency',10,...  %验证集使用频率,每 10 个验证 1 次
    'ValidationPatience',10,...  %验证集容许步数,当连续 10 个验证集误差均不再
```
降低时停止迭代
```
    'MiniBatchSize',256 * 2,...  %分批训练数量
    'InitialLearnRate',0.005,...  %初始学习率
    'LearnRateSchedule','piecewise',...
    'LearnRateDropPeriod',100,...  %过了 100 步后改变学习率
    'LearnRateDropFactor',0.2,...  % 100 步后学习率降低 20%
    'OutputNetwork','best-validation-loss',...  % 这行代码只有 R2021b 版本之后可
```
用,可利用验证集随时校正训练集
```
    'Verbose',0);  %不显示训练过程的文字
%%训练网络
net = trainNetwork(XTrain,YTrain',layers,options);
% save result
% load result
%%训练误差和验证误差,根据处理后的序列计算
YTrain_pred = predict(net,XTrain,'SequencePaddingDirection',"left")';  % 训练集
```

的模型预测值

YValid_pred = predict(net,XValid,'SequencePaddingDirection',"left")'; % 验证集的模型预测值

RMSE_train = sqrt(mean((YTrain_pred-YTrain).^2)); % 训练集的均方根误差

RMSE_valid = sqrt(mean((YValid_pred-YValid).^2)); % 预测集的均方根误差

%% 测试集误差,单步预测

YTest_1step = predict(net,XTest,'SequencePaddingDirection',"left")'; % 测试集单步预测结果

YTest_1step = YTest_1step * sig + mu; % 将预测结果进行逆标准化

RMSE_test_1step = sqrt(mean((YTest_1step-YTest).^2)); % 计算模型单步预测的均方根误差

%% 多步预测,方法 1:不实时更新模型

YTest_pred = XTest{1}'; % 测试集的第 1 个输入

for ii = 1:kstep % 循环进行多步预测

  temp = {YTest_pred(end-lag + 1:end)'}; % 临时变量,利用 lag 个数据进行预测

  temp2 = predict(net,temp,'SequencePaddingDirection',"left")'; % 进行 1 步预测

  YTest_pred = [YTest_pred;temp2]; % 将模型的预测结果融入测试集,以此不断进行推进,达到多步预测的效果

end

YTest_pred = YTest_pred' * sig + mu; % 预测结果逆标准化

YTest_pred = YTest_pred(end-kstep + 1:end); % 预测结果的最后 kstep 个,为多步预测值

RMSE_test = sqrt(mean((YTest_pred-YTest).^2)); % 多步预测的均方根误差

%% 多步预测,方法 2:实时更新模型状态

% net = resetState(net); % 重置网络状态

% X = XTest{1}; % 测试集的第 1 个输入

% [net,Z] = predictAndUpdateState(net,X); % 更新模型

% Xt = Z(:,end); % 输入

% YTest_pred = zeros(1,kstep); % 多步预测结果初始化

% for t = 1:kstep % 开始多步预测

% [net,YTest_pred(:,t)] = predictAndUpdateState(net,Xt); % 预测并更新模型

% Xt = YTest_pred(:,t); % 新的预测结果作为输入

% end

% YTest_pred = YTest_pred * sig + mu; % 预测结果逆标准化

% RMSE_test = sqrt(mean((YTest_pred-YTest).^2)); % 多步预测结果的均方根误差

%% 画图

rmse = [RMSE_valid,RMSE_train,RMSE_test_1step,RMSE_test] % 各个 RMSE 误差,[验

证集, 训练集, 1 步预测, 多步预测]

```matlab
figure;  %  新建绘图窗口
pstep = 24;  %  多显示若干步数据
x = [-pstep + 1:kstep]';x2 = [1:kstep]';  %  自变量
y_exact = data(end-pstep-kstep + 1:end);  % 信号的真值
plot(x,y_exact,'- + k');hold on;  %  绘图, 真值, 继续绘图
plot(x2,YTest_1step,'x-b');  %  单步预测结果
plot(x2,YTest_pred,'o-r');  %  多步预测结果
set(gca,'FontName','Times New Roman','FontSize',12);  %  字体和字号
legend(["实测" "单步预测" "24 步预测"],'Location','northwest');  %  标注内容和
位置
xlabel('预测步');ylabel("信号值");  %  x 轴和 y 轴的名称
set(gca,'Fontname','Monospaced');  %  设置字体, 避免中文乱码
x_err = [1:kstep]';  % 预测步
y0 = YTest';  % 信号真值
y1 = YTest_pred';  % 信号预测值
err1 = (y1-y0);  % 每步预测的误差
err_MAE1 = cumsum(abs(err1))./x_err;  %  MAE 误差
err_RMSE1 = sqrt(cumsum(err1.^2)./x_err);  %  RMSE 误差
err_MAPE1 = cumsum(abs(err1./y0))./x_err * 100;  %  MAPE 误差
figure;  %  新建绘图窗口
subplot(2,2,1);plot(x_err,err1,'s-b');  %  第 1 个子图, 绘图
set(gca,'FontName','Times New Roman','FontSize',12);  %  字体和字号
xlabel('预测时间步');ylabel('绝对误差');  %  x 轴和 y 轴的名称
title('绝对误差 err');  %  标题的名称
set(gca,'Fontname','Monospaced');  %  设置字体, 避免中文乱码
subplot(2,2,2);plot(x_err,err_MAE1,'s-b');  %  第 2 个子图, 绘图
set(gca,'FontName','Times New Roman','FontSize',12);  %  字体和字号
xlabel('预测时间步');ylabel('MAE 误差');  %  x 轴和 y 轴的名称
title('平均绝对误差 MAE');  %  标题的名称
set(gca,'Fontname','Monospaced');  %  设置字体, 避免中文乱码
subplot(2,2,3);plot(x_err,err_RMSE1,'s-b');  %  第 3 个子图, 绘图
set(gca,'FontName','Times New Roman','FontSize',12);  %  字体和字号
xlabel('预测时间步');ylabel('RMSE 误差');  %  x 轴和 y 轴的名称
title('均方根误差 RMSE');  %  标题的名称
set(gca,'Fontname','Monospaced');  %  设置字体, 避免中文乱码
subplot(2,2,4);plot(x_err,err_MAPE1,'s-b');  %  第 4 个子图, 绘图
set(gca,'FontName','Times New Roman','FontSize',12);  %  字体和字号
xlabel('预测时间步');ylabel('MAPE 误差(%)');  %  x 轴和 y 轴的名称
```

```
title('平均相对误差 MAPE'); % 标题的名称
set(gca,'Fontname','Monospaced'); % 设置字体,避免中文乱码
```

知识点：深度学习工具箱 deepNetworkDesigner

代码解读：

程序运行后结果如图 9-9 所示，包括预测的时程数据和误差分析，程序运行过程中还会显示整个深度学习模型的迭代计算过程。

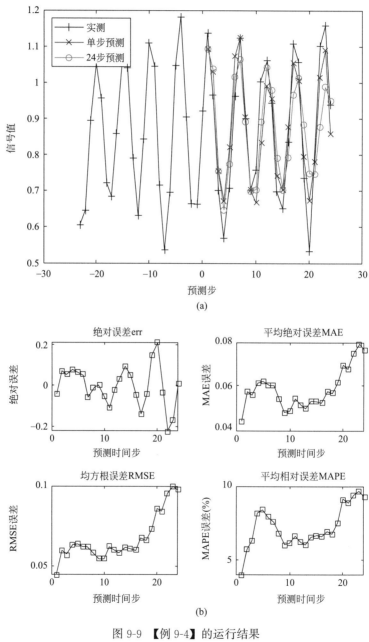

图 9-9 【例 9-4】的运行结果

（a）时程分析；（b）误差分析

首先，创造时间序列信号，样本总长度为 300。然后定义延迟参数 lag 为 6，含义与【例 9-3】中的阶数 P 一致，表示利用历史的 lag 个数据来预测未来的数据。将所有的信号进行分割，分为输入和输出，输入为 lag 一组的值，每组值对应 1 个输出结果，表示提前 1 步预测，通过滚动提前 1 步预测即可实现提前多步预测。将信号的最后 24 个数据定义为未知的信号，即通过前面的 276 个已知数据预测未来的 24 个数据。利用已知数据对所有数据进行归一化，可加快模型的收敛。数据集分为训练集、验证集和测试集，其中训练集和验证集根据已知数据建立，测试集根据未知数据建立。有些模型建立过程只有训练集和测试集，没有验证集，这样很难避免出现过拟合的问题。而验证集可以有效帮助训练过程模型误差的真实评估和校验。

其次，数据集建立后，定义深度学习模型的框架，包括深度模型的层数、隐藏层单元数等信息。搭建的深度学习模型很大程度需要根据数据集的情况而调整，需要经过若干次的尝试才能确定模型参数。另外还有一些算法可以自动进行模型参数调优，如贝叶斯优化算法，读者可自行查阅资料进行深入了解。

最后，结合模型和数据集，利用 trainNetwork 函数进行模型的训练，训练后可利用 predict 函数进行时程信号的预测。本例提供了两种预测方法，包括不实时更新模型和实时更新模型，区别在于是否根据新预测的值对评估的模型进行实时更新。预测的结果同样需要进行误差分析，内容与【例 9-3】类似，此处不再赘述。

通常来说，深度学习模型可以比神经网络模型达到更佳的效果，但在模型搭建和参数设定方面仍需要依赖经验和各类参数优化算法，而且模型参数越多则耗时越长，经过反复调试和优化才能达到令人满意的结果。

9.3　本章小结

本章介绍了 MATLAB 几种工具箱的内容和使用方法，设计了 4 个对应的实践案例，具体包含以下几方面的内容：

1. MATLAB 的 4 种工具箱，包括小波变换工具箱、优化工具箱、神经网络工具箱、深度学习工具箱。

2. MATLAB 工具箱对应的 4 个实践案例，包括小波变换工具箱分解时间序列信号、优化工具箱寻找目标函数最优值、神经网络工具箱预测短期时间序列信号、深度学习工具箱预测短期时间序列信号。

通过本章内容的学习，读者可以掌握 MATLAB 各类工具箱的理论和详细的使用方法。

第10章 GUI可视化界面设计

MATLAB 为用户提供了十分便捷的可视化界面设计方法，即 GUI（graphical user interface）界面。本章主要介绍 GUI 界面设计的相关内容，并设计了 4 个循序渐进的 GUI 界面设计案例，帮助读者快速掌握 GUI 可视化界面的设计方法。

10.1 GUI 可视化界面设计

图形可视化用户界面是指采用图形方式显示的计算机操作用户界面，它是一种人与计算机通信的界面显示格式，允许用户使用鼠标等输入设备操纵屏幕上的图标或菜单选项，以选择命令、调用文件、启动程序或执行其他一些日常任务。与通过键盘输入文本或字符命令来完成例行任务的字符界面相比，图形用户界面有许多优点。图形用户界面由窗口、下拉菜单、对话框及其相应的控制机制构成，在各种新式应用程序中都是标准化的，即相同的操作总是以同样的方式来完成。在图形用户界面，用户看到和操作的都是图形对象，应用的是计算机图形学的技术。本节重点介绍 MATLAB 中图形可视化界面的设计原理和设计方法。

10.1.1 GUI 界面设计原理

图形可视化界面的设计原理非常易于理解，主要包含两个部分：界面元素和执行代码文件。界面元素中，用户可设计界面的整体外观布局，添加或删除按钮、标签、对话框等控件，设置对应的文字及位置信息，还可以设置用户输入消息传递功能。执行代码文件中，可通过用户在界面中的操作，将信息传递给代码文件，从而进行程序的计算，并可将计算过程和结果再反馈到界面当中。因此，图形可视化界面设计的关键在于界面设计与消息传递的代码编写，这方面不仅需要用户具备程序方面的知识，同时还应具备一定的美学要求，以功能性和便利性为基本原则。

10.1.2 GUI 界面设计方法

在 MATLAB 中，输入命令 guide 即可打开图形可视化界面设计功能，用户可以创建新的图形可视化界面或打开已有的图形可视化界面，GUI 的工作界面如图 10-1 所示。工作界面的中央即为可视化窗口，GUI 设计完成后运行可看到的界面即为该窗口的全部内容。工作界面左侧为控件区，可将控件用鼠标拖拽到中间的界面窗口。双击每个控件，可设置相应的属性。例如，拖拽一个 Static Text 文本控件到窗口内，然后双击，可设置文本的显示内容、字体、字号、颜色等信息。图形可视化界面设计的核心功能在于通过 Push Button 命令，执行指定的代码，然后进行界面与代码之间的交互操作。通过该界面设计好所有的 GUI 界面元素后，点击保存，即可生成对应的 m 文件。此时，一个完整的 GUI 界面设计程序包括两个文件：fig 文件和 m 文件。在 m 文件的函数中，添加实现目标功能的代码，然后运行 m 文件，即可调用该 GUI 界面。

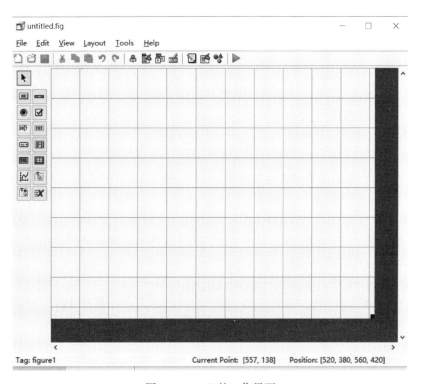

图 10-1　GUI 的工作界面

10.2　GUI 界面实践案例

为便于读者快速掌握 GUI 界面的设计和使用方法，本节设计了 4 个 GUI 界面的实践案例，包括加法运算 GUI 界面设计、四则运算 GUI 界面设计、自定义函数绘图 GUI 界面设计、猜数字小游戏 GUI 界面设计。

10.2.1　实践：加法运算 GUI 界面设计

本节提供入门级别的 GUI 界面设计案例，可根据用户输入的两个数字，自动计算出它们的和，然后显示在结果框中。

【例 10-1】 请用 GUI 界面设计数字的加法运算。

GUI 界面设计的方法与前面章节所述的程序代码编写有所不同，需要先设计好 GUI 界面，然后生成对应的 m 文件，再在文件中编写代码。因此，下面讲述完整的操作流程，便于读者入门。

步骤 1：设计 GUI 界面

（1）在命令窗口中输入 guide，弹出 GUIDE Quick Start 窗口。点击【Create New GUI】，选择【Blank GUI（Default）】，然后点击【OK】，自动生成一个 GUI 设计窗口，如图 10-1 所示。

（2）将左侧控件栏中的"Edit Text"拖入界面中，双击该控件，弹出"Inspector：unicontrol"设置窗口，找到 String 对象，将其内的字符串"Edit Text"删除。此时，点击该控件，左下角可查看该控件的名称为 edit1。如果需要修改名称，可在刚才的"Inspector：unicontrol"设置窗口中的 Tag 对象进行修改。此处为了方便，采用默认的名称。

（3）将 edit1 控件对象进行复制，放到与之齐平的位置，中间空出部分位置，用于放加号运算符。复制得到的控件对象名称为 edit2。

（4）将左侧控件栏中的"Static Text"拖入界面中，修改 String 对象名称为加号运算符"＋"，并将该符号放到 edit1 和 edit2 对象中间。

（5）用与（4）类似的方法添加等于号"＝"，放到 edit2 对象的右侧。

（6）复制 edit1 控件对象，放到等于号"＝"控件对象的右侧，双击该控件，找到 Style 行，修改类型为 text，则用户不可编辑该对象；将 Tag 名称修改为 text3。这步是为了让读者可以直接运行后面提供的程序文件，而不需要再去修改代码中控件的名称。

（7）将左侧控件栏中的"Push Button"拖入界面中，放到界面中央下部，修改 String 内容为"开始计算"，默认 Tag 名称为 pushbutton1。

（8）点击保存，命名为 test01.fig，则自动生成 test01.m 程序文件。此时，GUI 界面设计完成，其内容如图 10-2 所示。后面需要通过修改该程序文件实现用户与 GUI 界面的交互操作。

步骤 2：修改程序代码文件

生成的 test01.m 程序代码文件内容非常多，但大部分内容均为注释行以及根据 GUI 控件对象自动生成的函数。通常，最核心的内容是 Push Button 类型对应的函数。本例中，只有一个 pushbutton1。因此，找到该控件对象的调用函数 pushbutton1 _ Callback，在该函数内编写相应的代码。

（1）获取第 1 个输入框内的数字。由于方框内都是字符串的形式，因此需要通过 str2double 函数将其转换为 double 类型。第 1 个方框对象名称为 edit1，需与下面的代码对应。

＞＞a1 = str2double(get(handles.edit1,'String'));

（2）类似的，获取第 2 个输入框内的数字，方框对象名称为 edit2。

＞＞a2 = str2double(get(handles.edit2,'String'));

（3）计算二者之和，将结果赋值到第 3 个方框中，对象名称为 text3。

result = a1 + a2;

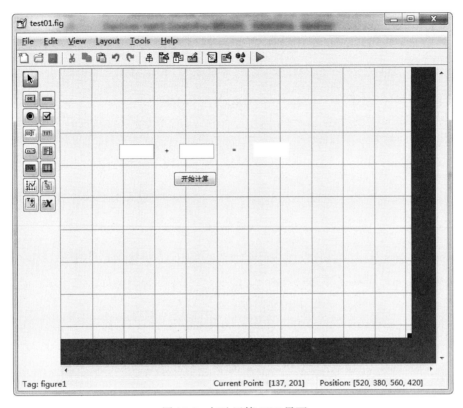

图 10-2　加法运算 GUI 界面

set(handles.text3,'String',num2str(result));

至此，GUI 界面设计完毕。下面是完整的代码，为便于读者理解，编者已将所有注释行删除了。

```
%非核心代码,开始…
function varargout = test01(varargin)
gui_Singleton = 1;
gui_State = struct('gui_Name',        mfilename,...
                   'gui_Singleton',   gui_Singleton,...
                   'gui_OpeningFcn',  @test01_OpeningFcn,...
                   'gui_OutputFcn',   @test01_OutputFcn,...
                   'gui_LayoutFcn',   [] ,...
                   'gui_Callback',    []);
if nargin && ischar(varargin{1})
    gui_State.gui_Callback = str2func(varargin{1});
end
if nargout
    [varargout{1:nargout}] = gui_mainfcn(gui_State, varargin{:});
else
```

```
        gui_mainfcn(gui_State, varargin{:});
end

function test01_OpeningFcn(hObject, eventdata, handles, varargin)
handles.output = hObject;
guidata(hObject, handles);

function varargout = test01_OutputFcn(hObject, eventdata, handles)
varargout{1} = handles.output;

function edit1_Callback(hObject, eventdata, handles)

function edit1_CreateFcn(hObject, eventdata, handles)
if ispc && isequal(get(hObject,'BackgroundColor'), get(0,'defaultUicontrolBack-
groundColor'))
        set(hObject,'BackgroundColor','white');
end

function edit2_Callback(hObject, eventdata, handles)

function edit2_CreateFcn(hObject, eventdata, handles)
if ispc && isequal(get(hObject,'BackgroundColor'), get(0,'defaultUicontrolBack-
groundColor'))
        set(hObject,'BackgroundColor','white');
end

function text3_CreateFcn(hObject, eventdata, handles)
%非核心代码,截止...

function pushbutton1_Callback(hObject, eventdata, handles)
%主代码
a1 = str2double(get(handles.edit1,'String')); %获取第1个方框内值
a2 = str2double(get(handles.edit2,'String')); %获取第2个方框内值
result = a1 + a2; %求和
set(handles.text3,'String',num2str(result)); %结果放置到第3个方框中
```

知识点：GUI 界面设计、文本框内容读取、文本框内容输入

代码解读：

该代码的运行结果即为图 10-2 所示中的设计内容。第 1 个方框输入 1，第 2 个方框输入 2，点击"开始计算"，则第 3 个方框中出现结果为 3，证明程序编写正确。至此，读者

136

已经掌握了 GUI 界面设计的完整流程。其他的 GUI 界面差异在于 GUI 界面的设计以及程序文件的编写，这需要针对具体问题进行设计，GUI 界面的设计风格因人而异。例如，对于本例，读者可以自行修改 GUI 界面的大小、方框的位置和对齐方式、文本框内的字号和颜色等。

10.2.2　实践：四则运算 GUI 界面设计

【例 10-1】为加法的运算，本节在此基础上，提供了一个进阶版的运算界面，即四则运算。

【例 10-2】请用 GUI 界面设计数字的四则运算。

本例与【例 10-1】非常类似，属于其进阶版，功能从加法运算扩展到了四则运算。其设计思路与【例 10-1】也基本相同，首先进行 GUI 界面的设计，然后编写动作按钮与功能执行的程序代码。由于【例 10-1】已经对整个 GUI 界面设计过程进行了非常详细的介绍，后续不再阐述相同或类似的内容。本例可基于【例 10-1】进行 GUI 界面和程序代码修改。

步骤 1：设计 GUI 界面

本例设计的 GUI 界面最终效果如图 10-3 所示。该界面与【例 10-1】的加法运算 GUI 界面区别在于，将其中的加法运算符对应的 Static Text 替换成了四则运算符的 Pop-up Menu，该工具可提供多个选项供用户选择，由此即可实现用户的四则运算功能。双击该 Pop-up Menu 控件，找到 String 行，修改第 1 至第 4 行内容分别为 "＋" "－" "∗" "/"，并保存 GUI 界面设计样式。

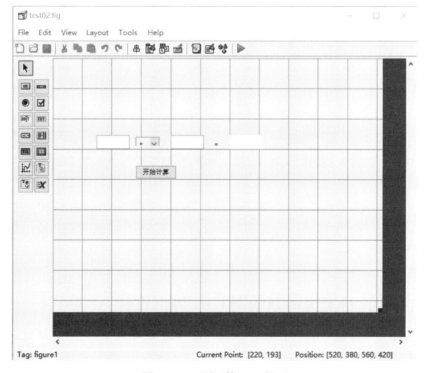

图 10-3　四则运算 GUI 界面

步骤 2：修改程序代码文件

仅修改 GUI 界面是无法达到目标功能的，还需要修改对应的程序代码文件，实现对象操作和功能执行的交互操作。本例只需修改"开始计算"按钮对应的函数调用代码，即 pushbutton1_Callback 函数。修改后的代码如下

```
function pushbutton1_Callback(hObject，eventdata，handles)
%主代码
a1 = str2double(get(handles. edit1,'String'))；%获取第 1 个方框内值
a2 = str2double(get(handles. edit2,'String'))；%获取第 2 个方框内值
%计算符号
% str = get(handles. popupmenu_sym,'String')；%获取四则运算符号选中的内容
val = get(handles. popupmenu_sym,'Value')；%获取四则运算符号选中的序号
switch val %判断选中的是第几个符号,进行对应的操作
    case 1
        result = a1 + a2；
    case 2
        result = a1-a2；
    case 3
        result = a1 * a2；
    case 4
        result = a1/a2；
end
set(handles. text3,'String',num2str(result))；%结果放置到第 3 个方框中
```

知识点：GUI 界面设计、popupmenu 对象内容获取、switch 语句

代码解读：

该代码的运行结果即为图 10-3 中的设计内容。第 1 个方框输入 1，第 2 个方框输入 2，运算符可通过下拉菜单进行选择，如选择乘法，然后点击"开始计算"，则第 3 个方框中出现结果为 2；如选择除法，然后点击"开始计算"，则第 3 个方框中出现结果为 0.5，证明程序编写正确。读者可以自行修改 GUI 界面的大小、方框的位置和对齐方式、文本框内的字号和颜色等。

本例中，将加法运算符对应的"Static Text"改为了"Pop-up Menu"，该对象名称为 popupmenu_sym。通过双击该对象，将 String 对象改成了四则运算符号。由于本例需根据用户的选择进行运算，因此引入了 switch 语句进行判断，根据用户选择的符号序号，针对两个变量进行对应的操作，最后将结果在输出文本框中进行展示。

10.2.3 实践：自定义函数绘图 GUI 界面设计

本节提供了一个自定义函数绘图的 GUI 界面设计案例，用户可写入函数表达式，设定自变量范围，程序进行自动绘图。

【例 10-3】自定义函数绘图 GUI 界面设计。

代码如下：

```
% 非核心代码,开始…
function varargout = test03(varargin)
gui_Singleton = 1;
gui_State = struct('gui_Name',        mfilename, ...
                   'gui_Singleton',  gui_Singleton, ...
                   'gui_OpeningFcn', @test03_OpeningFcn, ...
                   'gui_OutputFcn',  @test03_OutputFcn, ...
                   'gui_LayoutFcn',  [] , ...
                   'gui_Callback',   []);
if nargin && ischar(varargin{1})
    gui_State.gui_Callback = str2func(varargin{1});
end
if nargout
    [varargout{1:nargout}] = gui_mainfcn(gui_State, varargin{:});
else
    gui_mainfcn(gui_State, varargin{:});
end


function test03_OpeningFcn(hObject, eventdata, handles, varargin)
handles.output = hObject;
guidata(hObject, handles);


function varargout = test03_OutputFcn(hObject, eventdata, handles)
varargout{1} = handles.output;


function edit_func_Callback(hObject, eventdata, handles)


function edit_func_CreateFcn(hObject, eventdata, handles)
if ispc && isequal(get(hObject,'BackgroundColor'), get(0,'defaultUicontrolBack-
groundColor'))
    set(hObject,'BackgroundColor','white');
end


function edit_x1_Callback(hObject, eventdata, handles)


function edit_x1_CreateFcn(hObject, eventdata, handles)
if ispc && isequal(get(hObject,'BackgroundColor'), get(0,'defaultUicontrolBack-
groundColor'))
```

```
        set(hObject,'BackgroundColor','white');
    end


    function edit_x2_Callback(hObject，eventdata，handles)


    function edit_x2_CreateFcn(hObject，eventdata，handles)
    if ispc && isequal(get(hObject,'BackgroundColor'),get(0,'defaultUicontrolBack-
groundColor'))
        set(hObject,'BackgroundColor','white');
    end
```

% 非核心代码,截止……

```
    function pushbutton_plot_Callback(hObject，eventdata，handles)
    % 主程序
    x1 = str2double(get(handles. edit_x1,'String'))；% 自变量 x 的下限
    x2 = str2double(get(handles. edit_x2,'String'))；% 自变量 x 的上限
    x = linspace(x1,x2,101)'；% 自变量范围
    func = get(handles. edit_func,'String')；% 函数表达式字符串
    y = eval(func)；% 计算函数值
    y1 = min(y);y2 = max(y)；% 函数值上下限
    figure；% 新建绘图窗口
    plot(x,y,'-k')；% 绘图
    set(gca,'FontName','Times New Roman','FontSize',12)；% 字体和字号
    xlabel('\itx');ylabel('\ity')；% x 轴和 y 轴的名称
    axis([x1 x2 y1 y2])；% x 轴和 y 轴的范围
    title(strcat('函数 y = ',func))；% 标题的名称
```

知识点：GUI 界面设计、表达式计算函数 eval

代码解读：

该程序还附带了 test03. fig 文件,运行后的界面如图 10-4 所示。用户可在文本框中输入一维函数表达式,以 x 为自变量,如 2×x+1;然后设定自变量的范围,如 [1, 2];点击"绘图"按钮,即可出现自动绘制的函数图形。由于 GUI 界面的设计过程因人而异,编者希望通过上述两个案例,让读者掌握基本的 GUI 界面设计过程,然后根据自己的目标,可以完成指定功能的 GUI 界面设计。因此,此处不再说明整个设计过程,仅提供 GUI 界面的结果,希望读者可以根据界面的外观,自己尝试完成整个 GUI 界面设计的过程。首先,获取自变量的上下限,确定自变量的取值;其次,获取函数表达式,利用 eval 函数获取函数值;最后,进行函数绘图。

其实,MATLAB 中还提供了"Axes"绘图控件,通过代码编写将绘图内容与该对象进行绑定,可将绘图结果直接展示在 GUI 界面内,更便于读者查看结果。读者可通过阅读资料,尝试将本例的绘图结果直接展示在 GUI 界面内。

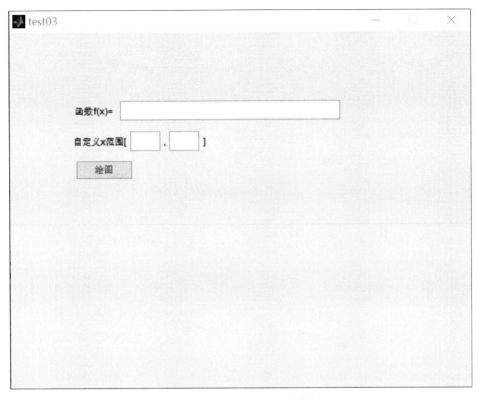

图 10-4　【例 10-3】的运行结果

10.2.4　实践：猜数字小游戏 GUI 界面设计

上述几个 GUI 界面的设计相对来说比较简单，本节提供了一个关于猜数字小游戏的较为复杂的 GUI 界面设计实例，供读者参考学习。

猜数字是手机上的一个小游戏，深受大家的喜爱。游戏的大致规则如下：

（1）点击"开始游戏"，系统会随机生成 1 个四位数，每个位数互相不重复，如 3810。

（2）玩家必须在 7 次内根据系统提示猜出结果，否则游戏失败。如用户输入"1234"，则结果返回为 0A2B，其中 A 表示数字相同且位置相同，B 表示数字相同但位置不同；如用户输入为 3567，则结果返回为 1A0B。玩家每猜一次，系统给出一个结果：XAYB。

（3）用户根据给出的"XAYB"的结果，反复输入猜测的数字，最终在 7 次内猜出结果。若超出 7 次，则游戏失败。

本节基于猜数字小游戏的玩法和规则，设计了猜数字小游戏的 GUI 界面。

【例 10-4】猜数字小游戏 GUI 界面设计。

代码如下：

主程序文件 test05. m：

```
% 非核心代码，开始……
function varargout = test05(varargin)
gui_Singleton = 1;
```

```
gui_State = struct('gui_Name',        mfilename, ...
                   'gui_Singleton',  gui_Singleton, ...
                   'gui_OpeningFcn', @test05_OpeningFcn, ...
                   'gui_OutputFcn',  @test05_OutputFcn, ...
                   'gui_LayoutFcn',  [], ...
                   'gui_Callback',   []);
if nargin && ischar(varargin{1})
    gui_State.gui_Callback = str2func(varargin{1});
end
if nargout
    [varargout{1:nargout}] = gui_mainfcn(gui_State, varargin{:});
else
    gui_mainfcn(gui_State, varargin{:});
end


function test05_OpeningFcn(hObject, eventdata, handles, varargin)
handles.output = hObject;
guidata(hObject, handles);


function varargout = test05_OutputFcn(hObject, eventdata, handles)
varargout{1} = handles.output;


function edit01_Callback(hObject, eventdata, handles)


function edit01_CreateFcn(hObject, eventdata, handles)
if ispc && isequal(get(hObject,'BackgroundColor'), get(0,'defaultUicontrolBack-
groundColor'))
    set(hObject,'BackgroundColor','white');
end


function listbox3_Callback(hObject, eventdata, handles)


function listbox3_CreateFcn(hObject, eventdata, handles)
if ispc && isequal(get(hObject,'BackgroundColor'), get(0,'defaultUicontrolBack-
groundColor'))
    set(hObject,'BackgroundColor','white');
end
% 非核心代码,结束……
```

%%以下开始游戏,为核心代码

```matlab
function pushbuttonstart_Callback(hObject, eventdata, handles)
global times num_real %定义全局变量,times 为当前猜的次数,num_real 为数字的真值
temp = randperm(10)-1; % [0,9]内不重复的数字,打乱,选 4 个
num_real = strcat(num2str(temp(1)),num2str(temp(2)),num2str(temp(3)),num2str(temp(4))); %数字的真值
times = 0; %猜的次数初始化
%循环猜数字,最多 7 次
function pushbutton01_Callback(hObject, eventdata, handles)
global times num_real %全局变量
num_guess = get(handles.edit01,'String'); %获取当前猜的数字
XAYB_guess = XAYB_calculate(num_guess,num_real); %将猜的数字与真值对比,返回XAYB 的结果
times = times + 1; %猜的次数 + 1
%猜的结果添加到方框中
str_result = strcat('第',num2str(times),'次,猜',num_guess,...
    ',结果',XAYB_guess); % 当前返回的内容
list_old = get(handles.listbox3,'String'); %方框已有的内容
set(handles.listbox3,'String',[list_old;str_result]); %方框内容进行追加
%若游戏结束,返回对应的结果
if ((XAYB_guess = ='4A0B')) % 4A0B 表示猜对了,游戏成功
    set(handles.listbox3,'String',[list_old;str_result;'游戏成功!!!!!!!!!!!!!!']);
elseif (times = =7) %次数达到 7 次还没猜对表示游戏失败
    set(handles.listbox3,'String',[list_old;str_result;'游戏失败!!!!!!!!!!!!!!']);
else
end
```

子程序 XAYB _ calculate. m 文件:

```matlab
function XAYB = XAYB_calculate (num_guess,num_real)
%用于对比猜的数字和数字真值,返回 XAYB 结果
num = 4; %数字共 4 个
num_A = 0; % A 表示数字对且位置对,num_A 表示 A 的个数
num_B = 0; % B 表示数字对但位置不对,num_B 表示 B 的个数
for i = 1:num
    aa = strfind(num_real,num_guess(i)); %查找字符
    if length(aa) = =0 %没有找到数字
```

```
else % 找到了数字
    if (aa = = i) % 数字的位置正确
        num_A = num_A + 1; % A 的数量加 1
    else % 数字的位置不正确
        num_B = num_B + 1; % B 的数量加 1
    end
end
end
XAYB = strcat(num2str(num_A),'A',num2str(num_B),'B'); % 返回 XAYB 的结果
```

知识点：GUI 界面进阶设计、全局变量 global、随机整数生成函数 randperm、if 嵌套语句、字符串查找函数 strfind、字符串判断方法

代码解读：

本例包含的程序文件包括 3 个：test05. m（主程序）、test05. fig（GUI 界面）、XAYB _ calculate. m（自定义函数）。运行主程序后的 GUI 界面如图 10-5 所示，该 GUI 界面可分为 3 个部分：第 1 部分是开始游戏，点击"开始游戏"后，系统自动生成 1 个四位不重复的数字；第 2 部分是用户猜数字，用户可输入一个四位不重复的数字，然后点击"猜"，根据系统的提示反复猜，直到游戏结束；第 3 部分是展示用户猜的数字结果，同时提供了用户猜测的历史记录，方便进行分析和推导。下面针对设计的 GUI 界面使用过程进行简单的说明，帮助读者更好地理解这个案例。

某次运行该程序如图 10-6 所示。从图中可以看出来，本次生成的随机数字是 5267。

图 10-5 【例 10-4】的运行结果

图 10-6 【例 10-4】的运行示例展示

第 1 次，猜测的是 1234，结果为 1A0B，表示这 4 个数字里面只有 1 个数字对且位置对。

　　第 2 次，猜测的是 5678，结果为 1A2B，表示这 4 个数字里面有 3 个数字对，但只有 1 个位置对。根据前两次的结果，可以知道 1234 里面有 1 个，5678 里面有 3 个。

　　第 3 次，猜测的是 1678，结果为 0A2B，表示这 4 个数字里面有 2 个数字对，但位置都不对。所以，1 肯定没有，234 里面有 1 个；678 里面有 2 个，但位置不对；5 出现在第 1 个位置。

　　第 4 次，猜测的是 5278，结果为 2A1B，表示这 4 个数字里面有 3 个数字对，但只有 2 个位置对，其中包括数字 5。这里可以做一个假设，假设 278 里面是 2 对，那么 2 一定是位置对，78 里面就只有 1 个对且位置不对；结合前面的 678 里面有 2 个，所以 6 一定有，而且 6 在第 3 或第 4 个位置。综合这些信息，做出一个猜测，猜测 78 里面有 7。

　　第 5 次，猜测 5267，运气比较好，直接猜对了。

　　正常来说，通过 7 次是可以猜对的。通过以上案例阐述，希望读者对于本游戏的规则和 GUI 界面有一定了解，在这个基础上，再来理解 GUI 界面和程序代码的设计过程，就比较容易了。下面详细阐述本例中的程序设计过程。

　　（1）设置 global 全局变量。游戏过程需要反复猜测，猜测结果需要和真实值进行对比，而且也需要记录当前的猜测次数，因此通过 global 设置全局变量。全局变量的设置方法比较简单，在需要使用全局变量的函数内利用 global 进行变量申明即可实现变量在各函数内的相互传递。本例中设置的全局变量包括 2 个变量，即当前猜测次数变量 times 和数字真值变量 num _ real。

　　（2）获取用户猜测的数字 num _ guess。需要注意的是，为了便于数字的对比，最后返回 XAYB 形式的结果，本例中的数字都采用了字符串的方式进行记录。

　　（3）利用自编函数 XAYB _ calculate. m 将猜测数字 num _ guess 和真实数字 num _ real 进行对比，最终返回 XAYB 的结果。该对比思路比较简单，通过 for 循环将猜测数字 num _ guess 的每个数字分别和真实数字 num _ real 进行对比，利用字符串查找函数 strfind 判断当前数字是否存在，如存在，则判断其位置与真实数字是否一致，若一致则"A"的个数加 1，若不一致则"B"的个数加 1；否则，不进行操作。最终，统计"A"和"B"的个数，组合形成 XAYB 的结果并返回该字符串。

　　（4）将猜测次数加 1，并把当前的猜测次数和结果以字符串的形式记录到 GUI 界面下方的列表框中。为了避免将列表框中的数据清除，先获取列表框中的内容，然后将已有字符串和新猜测字符串内容进行组合，记录到列表框中。

　　（5）进行程序的判断。如果返回的猜测结果是 4A0B，那么在列表框中展示游戏成功的提示；否则，如果猜测次数达到了 7 次，则列表框中展示游戏失败的提示。至此，游戏的程序代码全部编写完成。

10.3　本章小结

　　本章介绍了 MATLAB 中 GUI 可视化界面设计的基本内容，并列举了 4 个 GUI 界面设计的实践案例，具体包含以下几方面的内容：

1. MATLAB 的 GUI 界面设计原理和方法。

2. MATLAB 的 GUI 可视化界面设计的案例，包括加法运算 GUI 界面设计、四则运算 GUI 界面设计、自定义函数绘图 GUI 界面设计、猜数字小游戏 GUI 界面设计。其中前 3 个案例比较基础，最后 1 个案例涵盖的知识点较多，设计难度也较大。

通过本章内容的学习，读者可以掌握 MATLAB 中 GUI 可视化界面设计的理论和使用方法。

第11章

综合应用实践

前面介绍了 MATLAB 的基础和进阶内容，但由于各行业编程需求差异很大，通常需要用户经过长期的摸索才能使编程能力得到进一步的提升。为此，本章设计了 3 个 MATLAB 综合应用实践案例，涵盖优化算法、机器学习、蒙特卡罗模拟等方面的知识点，希望能借这些案例帮助读者加深 MATLAB 编程应用方面的理解。

11.1　实践：遗传算法优化目标函数

遗传算法（genetic algorithm，GA）是进化计算的一部分，是模拟达尔文遗传选择和自然淘汰的生物进化过程的计算模型，是一种通过模拟自然进化过程搜索最优解的方法。该算法简单、通用、鲁棒性强，适于并行处理。由于遗传算法的整体搜索策略和优化搜索方式在计算时不依赖于梯度信息或其他辅助知识，只需要求解影响搜索方向的目标函数和相应的适应度函数，所以提供了一种求解复杂系统问题的通用框架。它不依赖于问题的具体领域，对问题的种类有很强的鲁棒性，所以广泛应用于各种领域，包括函数优化、自动控制、机器人学、图像处理、人工生命、遗传编程、机器学习等。

本节提供了一个利用 MATLAB 自编遗传算法查找函数最优值的案例，可帮助读者在理解遗传算法的同时，掌握 MATLAB 编程的综合应用方法。需要注意的是，尽管 MAT-LAB 已经将遗传算法进行了内嵌，但是好的程序员通常都需要自己编程完成完整的计算过程，这样对于原理理解和程序框架设计都大有裨益。

【例 11-1】已知函数 $f(x) = 10\sin(5x) + 7 \mid x - 5 \mid + 10$，请利用遗传算法查找函数在 $[0，10]$ 范围内的最大值。

11.1.1　程序功能介绍和程序代码

针对【例 11-1】进行了程序编写，共包含 1 个主程序文件（main. m）和 2 个子程序文件（binary2decimal. m、cal_objvalue. m）。所有的程序文件代码如下：

主程序 main. m 文件：

```
% 遗传算法求解函数最大值,主程序
```

```
clear all;close all;clc; % 清除变量,关闭绘图窗口,清除命令窗口历史代码
%%参数设置
popsize = 100; %种群大小
chromlength = 10; %二进制编码长度
pc = 0.6; % 交叉概率
pm = 0.001; % 变异概率
Nstep = 10; %最大迭代步数
%%种群随机初始化
pop = round(rand(popsize,chromlength));
%%记录历史最佳个体
pop_best.pop = pop(1,:); % 个体
pop_best.fitvalue = 1e-6; %个体适应度,适应度越大表示基因越优秀,存活的概率
越高
%%遗传算法核心代码,迭代模仿自然界遗传过程,优胜劣汰
for ii = 1:Nstep % 迭代 Nstep 步
    %%计算种群的适应度
    objvalue = cal_objvalue(pop,chromlength); %计算种群的目标函数
    fitvalue = objvalue; %适应度,根据目标函数值而定
    %%记录历史最佳个体
    fitvalue_best = max(fitvalue); %当前适应度最大值
    if (fitvalue_best>pop_best.fitvalue) %若当前最佳个体比历史最佳个体更优
        aa = find(fitvalue = = fitvalue_best);aa = aa(1);
        pop_best.pop = pop(aa,:); %则以当前最佳个体作为历史最佳个体
        pop_best.fitvalue = fitvalue_best; %最佳个体的适应度值
    end
    %%种群个体选择,转轮盘法
    newpop = zeros(size(pop)); % 初始化
    p_fitvalue = fitvalue/sum(fitvalue); %适应度归一化,可理解为落在该区间
的概率
    p_fitvalue = cumsum(p_fitvalue); %累计概率求和排序
    ms = sort(rand(popsize,1)); %生成随机数,从小到大排列,和累计概率对比
    newin = 1; %当前选择的个体号,需循环挑选 px 个,构成新的种群
    fitin = 1; %当前选择的个体,对应于原种群中的序号
    while newin< = popsize %循环挑选每个个体
        if ms(newin)<p_fitvalue(fitin) %按照顺序找到选中的个体
            newpop(newin,:) = pop(fitin,:); %找到的个体构成新种群
            newin = newin + 1;
        else %如果当前的个体不满足,则查看下一个是否满足,依次查找
            fitin = fitin + 1;
```

```
    end
end
%%种群交叉操作
pop = newpop; % 更新
newpop = ones(size(pop)); %初始化
for i = 1:2:popsize-1 %每 2 个个体交叉一次
    if(rand<pc) %设定的交叉概率,交叉
        cpoint = round(rand * chromlength); %将前 cpoint 个基因进行交叉
        newpop(i,:) = [pop(i,1:cpoint),pop(i+1,cpoint+1:chromlength)];
        newpop(i+1,:) = [pop(i+1,1:cpoint),pop(i,cpoint+1:chromlength)];
    else %不交叉
        newpop(i,:) = pop(i,:); %保留原基因
        newpop(i+1,:) = pop(i+1,:);% 保留原基因
    end
end
%%种群变异
pop = newpop; % 更新
newpop = ones(size(pop)); %初始化
for i = 1:popsize %每个个体都有变异几率
    if(rand<pm) %设定的变异概率,变异
        mpoint = round(rand * chromlength); %变异的位置
        if mpoint <= 0;
            mpoint = 1; %保证至少变异 1 位
        end
        newpop(i,:) = pop(i,:); % 更新
        newpop(i,mpoint) = 1-newpop(i,mpoint); %变异,0/1->1/0
    else %不变异
        newpop(i,:) = pop(i,:);
    end
end
%%更新种群
pop = newpop;
%%绘制最优个体迭代过程
x1 = binary2decimal(pop_best.pop,chromlength); % x 值
y1 = pop_best.fitvalue; % y 值
if mod(ii,1) == 0 %每若干步绘制一次图
    figure(1); %指定绘图窗口
    fplot('10 * sin(5 * x) + 7 * abs(x-5) + 10',[0 10]); % fplot 绘图函数
    hold on;plot(x1,y1,'*'); %绘制最优个体的位置
```

```
                title(['迭代次数为 n =' num2str(ii)]);  % 显示当前迭代数
        end
    end
    fprintf('最佳 X 是 --->>%5.2f\n',x1);  % 输出最佳 x 值
    fprintf('最佳 Y 是 --->>%5.2f\n',y1);  % 输出最佳 y 值
```

子程序 binary2decimal. m 文件：

```
function pop2 = binary2decimal(pop,chromlength)
%二进制转化成十进制函数
%输入变量:二进制种群、个体长度
%输出变量:十进制数值
[px,py]=size(pop);  % 种群的行和列,对应个体数量和基因数量
for i = 1:py
    pop1(:,i) = 2.^(py-i).* pop(:,i);  % 二进制转为十进制
end
temp = sum(pop1,2); %对行求和,得到列向量
pop2 = temp * 10/(2^chromlength-1);  % 10 个二进制表示的最大值为1023,将其扩展
到[0,10]范围内
```

子程序 cal_objvalue. m 文件：

```
function [objvalue] = cal_objvalue(pop,chromlength)
%计算函数目标值
%输入变量:二进制数值
%输出变量:目标函数值
x = binary2decimal(pop,chromlength);  %二进制转换为十进制
objvalue = 10 * sin(5 * x) + 7 * abs(x-5) + 10;  % 转化二进制数为 x 变量的变化域范
围的数值
```

知识点：遗传算法、结构数组 structure、转轮盘法、二进制、绘图函数 fplot

11.1.2　程序代码解读

本程序运行后得到结果如图 11-1 所示，展示了遗传算法查找函数最大值的全过程。

首先，设定程序的参数，包括种群大小、二进制编码长度（可以理解为基因个数）、交叉概率、变异概率和最大迭代步数。

其次，针对种群进行随机初始化。种群的矩阵维度为种群大小×编码长度，每行表示一个个体，每个个体由若干基因构成，基因用二进制编码 0 或 1 表示。因此，种群的内容全部为 0 或 1。在遗传算法的迭代求解过程中，为直观查看迭代的效果，记录历史上种群中的最优个体，以及最优个体对应的适应度。其中，适应度越大表示基因越优秀，在自然界中存活的概率越高，即在迭代过程中个体被保留下来的概率越高。对于本例，目标为查找函数最大值，因此选择的适应度为函数最大值。

接下来就是遗传算法的核心代码，迭代模拟自然界遗传和优胜劣汰的过程。大致步骤如下：

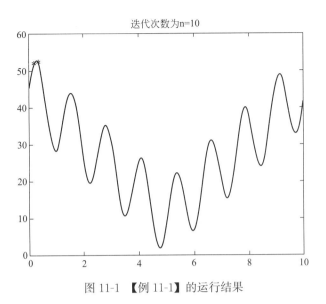

图 11-1　【例 11-1】的运行结果

1. 计算种群的适应度。这里采用自编函数 cal_objvalue.m 计算种群的适应度，先将二进制编码格式的个体通过自编函数 binary2decimal 转换为十进制的个体，即自变量 x 值，然后计算自变量 x 对应的函数值 $f(x)$，即为适应度。

2. 记录历史最佳个体。将当前种群的最佳个体与历史最佳个体进行对比，若当前最佳个体比历史最佳个体更优，则以当前最佳个体作为历史最佳个体，并记录个体和适应度值。

3. 种群个体随机选择。采用转轮盘法理论针对种群中的个体进行随机抽取，其基本原则为，适应度越高的个体，被选中的概率越高。程序利用了 while 循环进行个体的选择，读者可以尝试将其改为 for 循环。

4. 种群个体的交叉。模仿自然界中的交配过程，让种群中每 2 个个体进行随机交叉，即交换基因。基因交换按照指定的概率进行，且交换的位置和数量为随机选取。

5. 种群个体的变异。模仿自然界中的基因变异，假定种群中每个个体都有一定的变异几率且几率较小。原基因为 0 的，通过变异则变成了 1；原基因为 1 的，通过变异则变成了 0。本例中，每次变异仅保证让 1 个基因进行变异，读者可尝试按照概率让多个基因进行变异。

6. 更新种群。经过个体选择、交叉、变异后，形成了新的种群。

7. 绘制迭代过程。为直观展示迭代过程，计算每次迭代的最佳个体和适应度，绘制相应的图形。这里利用了 fplot 函数直接对函数进行绘制。

最终，展示遗传算法的迭代结果。

综合以上可以发现，程序编写的基础在于理论知识的理解。只有完全掌握了理论基础，才有可能编写出更好的程序。毕竟，程序编写只是利用计算机实现理论计算的一个过程。

11.2 实践：支持向量机评估身体健康状态

支持向量机（support vector machine，SVM）是一类按监督学习方式对数据进行二元分类的广义线性分类器，它是一种比较典型的机器学习算法。假定给定一组训练样本集，如果样本数据集是二维的，分散在平面上，需要找到一条直线将数据集分割开。可以分开的直线有很多，我们要找到其中泛化能力最好，鲁棒性最强的直线。如果是在三维空间中，则需要找到一个平面。如果是超过三维以上的维数，则需要找到一个超平面。

本节提供了一个利用 MATLAB 自带的支持向量机函数对身体健康状态进行评估的案例，可帮助读者理解机器学习的原理和使用方法。

【例 11-2】已知 1000 个人的身高、体重和健康状态，如图 11-2 所示，请用支持向量机建立身高、体重与健康状态的模型关系，并验证模型评估的准确性。

	A	B	C	D
1	身高/cm	体重/kg	BMI指标	健康状态
2	1.91	77.87	21.4	健康
3	1.95	61.30	16.1	不健康
4	1.56	99.82	40.8	不健康
5	1.96	53.45	14.0	不健康
6	1.82	79.15	24.0	健康
7	1.55	76.30	31.8	不健康
8	1.64	63.23	23.5	健康
9	1.77	48.53	15.4	不健康
10	1.98	41.51	10.6	不健康
11	1.98	65.27	16.6	不健康

图 11-2 【例 11-2】的已知数据截图示意

11.2.1 程序功能介绍和程序代码

针对【例 11-2】进行了程序编写，程序的完整代码如下：

```
% SVM 对身体健康状态分类
clear all;close all; % 清除变量,关闭绘图窗口
%% 读取数据
[alldata,data_string] = xlsread('身高体重肥胖表.xlsx');
alldata(:,3) = []; % 删除 BMI 指标,保留身高和体重
%% 数据分割,训练集和测试集
per_train = 0.7; % 训练集比例为 70%
N = size(alldata,1); % 样本总数
Ntrain = round(N * 0.7); % 训练集数量
num = randperm(N); % 随机打乱顺序
```

```
num_train = num(1:Ntrain)；% 训练集对应的序号
num_test = num(Ntrain + 1:end)；% 测试集对应的序号
input_train = alldata(num_train,:)；% 训练集的输入
input_test = alldata(num_test,:)；% 测试集的输入
output_train = {};output_test = {};% 训练集和测试集输出初始化
output_train = data_string(1 + num_train,4)；% 训练集的输出
output_test = data_string(1 + num_test,4)；% 测试集的输出
% % 模型训练
sigma = 0.5；% 参数 sigma
C = 1；% 参数 C
figure；% 新建绘图窗口
svmStruct1 = svmtrain(input_train,output_train,'kernel_function','rbf',...
% 训练开始
          'rbf_sigma',sigma,'boxconstraint',C,'showplot',true);
output_classify = svmclassify(svmStruct1,input_test,'showplot',true)；% 用训练
结果对测试数据进行测试
xlabel('身高(cm)');ylabel('体重(kg)')；% x 轴和 y 轴的名称
title('SVM 分类')；% 标题的名称
% % 误差评估
accuracy = 0；% 预测精度初始化
for i = 1:N-Ntrain % 循环对比预测结果和真实值
    str1 = output_test{i}；% 真实值
    str2 = output_classify{i}；% 模型预测结果
    if strcmp(str1,str2) = = 1 % 如果预测结果和真实值字符串相同
        accuracy = accuracy + 1；% 预测准确度加 1
    end
end
accuracy = accuracy/(N-Ntrain) * 100；% 计算预测准确率
fprintf('模型分类精度为 %.1f % %\n',accuracy);
```

　　知识点： 表格读取函数 xlsread、支持向量机理论、数据集分割算法、支持向量机训练函数 svmtrain、支持向量机分类函数 svmclassify、字符串对比函数 strcmp

11.2.2　程序代码解读

　　代码可以简单分成 3 部分：数据分割、模型训练、模型评估。下面针对程序代码进行详细阐述。

1. 数据分割

　　读取数据表格，确定支持向量机的输入为每个人的身高和体重，模型的输出为每个人的健康状态，分为健康和不健康两类。为便于模型的评估，将原始的 1000 个数据进行分割，随机选取 70% 作为模型的训练集，用于确定支持向量机模型，剩余的 30% 作为模型

的测试集，用于测试训练模型的分类精度。

2. 模型训练

设定支持向量机模型的两个关键参数，利用 MATLAB 自带支持向量机训练函数 svmtrain 对训练集进行训练，选择 rbf 核函数。

3. 模型评估

基于已建立的支持向量机模型，利用 svmclassify 函数对测试集的输入参数进行识别，并将模型的输出与测试集的真实值进行对比，计算模型的分类精度。由于分类包含了字符串，因此利用 strcmp 函数对比预测的字符串和真实分类对应的字符串是否相同。最后，在屏幕中输出模型分类的精度。本例的分类精度能够达到 96% 以上。由于数据集的划分是随机的，因此每次运行的分类结果有一定的区别。

上述支持向量机分类仅适用于二分类法，读者可通过查阅资料，自行解决三分类甚至多分类的支持向量机建模方法。如，本例中将每个人的健康状态详细分为很瘦、偏瘦、正常、偏胖、很胖，然后利用支持向量机进行分类。另外，利用深度学习的相关理论也可用于分类，而且经过参数优化的深度学习分类器效果非常好，目前使用广泛。感兴趣的读者也可以结合【例 9-4】的知识，自行去深入了解。

11.3　实践：蒙特卡罗模拟 GUI 界面

蒙特卡罗模拟因摩纳哥著名的赌场而得名，它能够帮助人们从数学上表述物理、化学、工程、经济以及环境动力学中一些非常复杂的相互作用。当所要求解的问题是某种事件出现的概率，或者是某个随机变量的期望值时，它们可以通过某种"试验"的方法，得到这种事件出现的频率，或者这个随机变量的平均值，并用它们作为问题的解，这就是蒙特卡罗方法的基本思想。蒙特卡罗方法通过抓住事物运动的几何数量和几何特征，利用数学方法来加以模拟，即进行一种数字模拟实验。它是以一个概率模型为基础，按照这个模型所描绘的过程，通过模拟实验的结果，作为问题的近似解。可以把蒙特卡罗解题归结为 3 个主要步骤：构造或描述概率过程，实现从已知概率分布抽样，建立各种估计量。

本节提供了一个利用蒙特卡罗模拟理论开发的脉动风速时程生成 GUI 可视化界面，其基本原理为自回归（autoregressive，AR）模型。读者可借助本例了解蒙特卡罗模拟的程序设计过程，同时加深对 GUI 可视化界面高级应用的理解。

【例 11-3】请开发蒙特卡罗模拟 GUI 界面，主要功能为根据用户指定网格坐标和参数等实现脉动风速时程的生成，并可自动绘制和导出模拟结果。

11.3.1　程序功能介绍和程序代码

针对【例 11-3】进行了程序编写，共包含 3 个文件：主程序文件（turbulent_inlet.m）、GUI 文件（turbulent_inlet.m）、示例网格坐标数据（data.dat）。程序的完整代码如下：

```
% 非核心代码,开始……
function varargout = turbulent_inlet(varargin)
```

```
warning off;  % 关闭警告
gui_Singleton = 1;
gui_State = struct('gui_Name',        mfilename, ...
                   'gui_Singleton',   gui_Singleton, ...
                   'gui_OpeningFcn', @turbulent_inlet_OpeningFcn, ...
                   'gui_OutputFcn',  @turbulent_inlet_OutputFcn, ...
                   'gui_LayoutFcn',  [] , ...
                   'gui_Callback',   []);
if nargin && ischar(varargin{1})
    gui_State.gui_Callback = str2func(varargin{1});
end
if nargout
    [varargout{1:nargout}] = gui_mainfcn(gui_State, varargin{:});
else
    gui_mainfcn(gui_State, varargin{:});
end


function varargout = turbulent_inlet_OutputFcn(hObject, eventdata, handles)
varargout{1} = handles.output;


function text_gridnumber_CreateFcn(hObject, eventdata, handles)
if ispc && isequal(get(hObject,'BackgroundColor'), get(0,'defaultUicontrolBack-
groundColor'))
    set(hObject,'BackgroundColor','white');
end


function popupmenu_terrain_Callback(hObject, eventdata, handles)


function popupmenu_terrain_CreateFcn(hObject, eventdata, handles)
if ispc && isequal(get(hObject,'BackgroundColor'),get(0,'defaultUicontrolBack-
groundColor'))
    set(hObject,'BackgroundColor','white');
end


function edit_scale_Callback(hObject, eventdata, handles)


function edit_scale_CreateFcn(hObject, eventdata, handles)
if ispc && isequal(get(hObject,'BackgroundColor'), get(0,'defaultUicontrolBack-
groundColor'))
```

```matlab
    set(hObject,'BackgroundColor','white');
end


function edit_10m_1_Callback(hObject, eventdata, handles)


function edit_10m_1_CreateFcn(hObject, eventdata, handles)
    if ispc && isequal(get(hObject,'BackgroundColor'), get(0,'defaultUicontrolBackgroundColor'))
    set(hObject,'BackgroundColor','white');
end


function edit_10m_2_Callback(hObject, eventdata, handles)


function edit_10m_2_CreateFcn(hObject, eventdata, handles)
    if ispc && isequal(get(hObject,'BackgroundColor'), get(0,'defaultUicontrolBackgroundColor'))
    set(hObject,'BackgroundColor','white');
end


function edit_10m_3_Callback(hObject, eventdata, handles)


function edit_10m_3_CreateFcn(hObject, eventdata, handles)
    if ispc && isequal(get(hObject,'BackgroundColor'), get(0,'defaultUicontrolBackgroundColor'))
    set(hObject,'BackgroundColor','white');
end


function edit_par_1_Callback(hObject, eventdata, handles)


function edit_par_1_CreateFcn(hObject, eventdata, handles)
    if ispc && isequal(get(hObject,'BackgroundColor'), get(0,'defaultUicontrolBackgroundColor'))
    set(hObject,'BackgroundColor','white');
end


function edit_par_2_Callback(hObject, eventdata, handles)


function edit_par_2_CreateFcn(hObject, eventdata, handles)
    if ispc && isequal(get(hObject,'BackgroundColor'), get(0,'defaultUicontrolBack-
```

```
groundColor'))
        set(hObject,'BackgroundColor','white');
    end

    function edit_par_3_Callback(hObject, eventdata, handles)

    function edit_par_3_CreateFcn(hObject, eventdata, handles)
    if ispc && isequal(get(hObject,'BackgroundColor'), get(0,'defaultUicontrolBack-
groundColor'))
        set(hObject,'BackgroundColor','white');
    end

    function popupmenu_method_Callback(hObject, eventdata, handles)

    function popupmenu_method_CreateFcn(hObject, eventdata, handles)
    if ispc && isequal(get(hObject,'BackgroundColor'), get(0,'defaultUicontrolBack-
groundColor'))
        set(hObject,'BackgroundColor','white');
    end

    function text_process_CreateFcn(hObject, eventdata, handles)

    function menu1_Callback(hObject, eventdata, handles)

    function menu2_Callback(hObject, eventdata, handles)
    %非核心代码,结束……

    %%设置界面默认参数,程序运行的初始界面
    function turbulent_inlet_OpeningFcn(hObject, eventdata, handles, varargin)
    handles.output = hObject;
    guidata(hObject, handles);
    set(handles.edit_scale,'string',num2str(1)); %缩尺比
    set(handles.edit_10m_1,'string',num2str(10)); % 10m 高度平均风速
    set(handles.edit_10m_2,'string',num2str(1)); % 10m 高度脉动风速标准差
    set(handles.edit_10m_3,'string',num2str(100)); %湍流积分尺度
    set(handles.edit_par_1,'string',num2str(1)); %模拟时间步长
    set(handles.edit_par_2,'string',num2str(1000)); %时间段数
    set(handles.edit_par_3,'string',num2str(4)); % AR 阶数
```

```
%%开始模拟
function pushbutton_start_Callback(hObject, eventdata, handles)
%%全局变量
global y z N;
global scale_r u_ref alpha I10 sigma_u Lu;
global detat Nw;
global u_his;
%%网格——采用读取的方式
%%风场
%%地形类别
str = get(handles. popupmenu_terrain,'String'); % 获取下拉菜单选中的字符串
val = get(handles. popupmenu_terrain,'Value'); % 获取下拉菜单选中的序号
switch str{val} % 判定
    case '标准 A 类地貌'
            alpha = 0. 12;I10 = 0. 12; % alpha 为平均风剖面指数系数;I10 为 10m 高度
名义湍流强度
    case '标准 B 类地貌'
            alpha = 0. 15;I10 = 0. 14;
    case '标准 C 类地貌'
            alpha = 0. 22;I10 = 0. 23;
    case '标准 D 类地貌'
            alpha = 0. 30;I10 = 0. 39;
end
%%缩尺比
scale_r = str2double(get(handles. edit_scale,'String'));
%% 10m 高度参数
u_ref = str2double(get(handles. edit_10m_1,'String')); %平均风速
sigma_u = str2double(get(handles. edit_10m_2,'String')); %脉动风速标准差
Lu = str2double(get(handles. edit_10m_3,'String')); %湍流积分尺度
%%运行参数
detat = str2double(get(handles. edit_par_1,'String')); %时间步长
Nw = str2double(get(handles. edit_par_2,'String')); %时间段数
P = str2double(get(handles. edit_par_3,'String')); %阶数
%%模拟
tic; % 开始计时
NT = Nw;
h_ref = 10 * scale_r; %参考高度
U_m = u_ref * (z/h_ref).^alpha; %平均风速
I_m = I10 * (z/scale_r/10).^(-alpha); %湍流强度
```

```matlab
Np = N; %网格节点数
Cx = 6;Cy = 16;Cz = 10; %三个方向的衰减系数
syms f H0; %符号变量
R0 = cell(P + 1,1); % R0 矩阵
fprintf('模拟开始...\n'); % 屏幕输出模拟开始的提示
set(handles. text_process,'String','模拟开始……'); % 软件界面输出屏幕开始的提示
pause(0.01); %暂停 0.01s
%% AR 模拟法的核心代码
%获取矩阵 R0
for i = 1:Np
    for j = i:Np
        dy = y(i)-y(j);dz = z(i)-z(j); %网格间距
        um1 = U_m(i);um2 = U_m(j);du = (um1 + um2)/2; %网格平均风速
        for k = 1:P + 1
            H0 = @(f)
4 * sigma_u^2. * sqrt((Lu * f/2/pi. /um1). /f. /(1 + 70.8 * (Lu * f/2/pi. /um1).^2).^
(5/6). * ...
            (Lu * f/2/pi. /um2). /f. /(1 + 70.8 * (Lu * f/2/pi. /um2).^2).^(5/6)). * ...
            exp(-f/2/pi * sqrt(Cy^2. * dy.^2 + Cz^2. * dz.^2). /du). * ...
            cos(2 * pi * f * (k-1) * detat); %功率谱公式
            R0{k}(i,j) = quadl(H0,0.001,100,0.001,0); %积分
            R0{k}(j,i) = R0{k}(i,j); % 对称
        end
    end
end
%获取矩阵 A
temp = cell2mat(R0)';A = [];
for i = 1:P
    if i = = 1
        aa = [temp(:,1:P * Np)];
    else
        ab = [];
        for j = i:-1:1
            ab = [ab,temp(:,[1:Np] + (j-1) * Np)];
        end
        aa = [ab,temp(:,Np + 1:(P-i + 1) * Np)]; %公式
    end
    A = [A;aa];
end
```

```
% 以下为根据 AR 模拟法的公式计算获取脉动风速时程,理论公式可参考相关文献
B = temp(:,Np + 1:end)';
Fi = A\B;
Rn = R0{1}-temp(:,Np + 1:end) * Fi;
L = chol(Rn)';
nt = zeros(Np,NT);
for i = 1:NT
    nt(:,i) = normrnd(0,1,Np,1);
end
u_his = zeros(Np,NT + P);
for tt = P + 1:NT + P
    aa = 0;
    for kk = 1:P
        ab = Fi([1:Np] + (kk-1) * Np,:)';
        ac = u_his(:,tt-kk);
        aa = aa + ab * ac;
    end
    u_his(:,tt) = aa + L * nt(:,tt-P);
end
u_his(:,1:P) = [];
toc; % 结束计时
fprintf('模拟完成! \n'); % 屏幕输出模拟完成的提示
set(handles.text_process,'String','模拟完成! '); % 界面中输出模拟完成的提示


% % 绘制平均风剖面
function menu1_1_Callback(hObject, eventdata, handles)
% % 全局变量
global y z N;
global scale_r u_ref alpha I10 sigma_u Lu;
global detat;
global u_his;
% % 参数
h_ref = 10 * scale_r;
U_m = u_ref * (z/h_ref).^alpha;
% % 平均风剖面
z_tar = linspace(0,max(z),1001)';
U_tar = u_ref * (z_tar/h_ref).^alpha;
z_sim = z;
U_sim = mean(u_his')' + U_m;
```

```matlab
% %脉动风剖面
z_tar = z_tar;
I_tar = I10 * (z_tar/scale_r/10).^(-alpha);
z_sim = z;
I_sim = std(u_his')'./U_sim;
% %绘图
figure; % 新建绘图窗口
subplot(1,2,1); % 第 1 个子图
plot(U_tar,z_tar,'-k',U_sim,z_sim,'or'); % 绘图
xlabel('平均风速 U(m/s)');ylabel('高度 Z(m)'); % x 轴和 y 轴的名称
axis([0 max(U_tar) 0 max(z_tar)]); % x 轴和 y 轴的范围
legend('目标剖面','模拟剖面','location','northwest'); % 标注的内容和位置
subplot(1,2,2); % 第 2 个子图
plot(I_tar * 100,z_tar,'-k',I_sim * 100,z_sim,'or'); % 绘图
xlabel('湍流强度 Iu( % )');ylabel('高度 Z(m)'); % x 轴和 y 轴的名称
axis([0 50 0 max(z_tar)]); % x 轴和 y 轴的范围
legend('目标剖面','模拟剖面','location','northeast'); % 标注的内容和位置


% %脉动风速功率谱
function menu1_2_Callback(hObject, eventdata, handles)
% %全局变量
global y z N;
global scale_r u_ref alpha I10 sigma_u Lu;
global detat;
global u_his;
% %参数
h_ref = 10 * scale_r;
U_m = u_ref * (z/h_ref).^alpha;
p_num = ceil(N/2); % 绘制该序号节点的脉动风速功率谱
% %湍流积分尺度计算
u_simu = u_his(p_num,:)'; % 风速时程
U_m_simu = U_m(p_num); % 平均风速
u_s_simu = std(u_simu); % 风速标准差
[cor,b] = xcorr(u_simu,'biased');cor = cor/u_s_simu^2;cor = cor(length(u_simu) +
1:length(cor));aa = min(find(cor<0.05)); % 相关系数
Lu_simu = trapz([1:aa-1] * detat,cor(1:aa-1)) * U_m_simu; %湍流冻结假设得到 Lu
Fs = 1/detat; %采样频率
% %脉动风速功率谱计算
NFFT = length(u_simu)/2^1;window = rectwin(NFFT/1);noverlap = NFFT/2;
```

161

```
[Su_simu,n_simu] = pwelch(u_simu,window,noverlap,NFFT,Fs); % 模拟数据的功率谱
n = [1e-3:1e-3:1e1];xn = n. * Lu_simu/U_m_simu; % 频率 n 和无量纲频率 xn
Su = 4 * u_s_simu^2 * xn. /n. /(1 + 70.8 * xn. ^2). ^(5/6); % Karman 谱
% % 绘图
figure; % 新建绘图窗口
loglog(n * Lu_simu/U_m_simu,n. * Su/u_s_simu^2,'-k',n_simu * Lu_simu/U_m_simu,n_
simu. * Su_simu/u_s_simu^2,'-r'); % 对数坐标绘图
xlabel('nL/U');ylabel('n * Su / \sigma_u^2'); % x 轴和 y 轴的名称
% axis([1e-3 1e3 1e-3 1e0]); % x 轴和 y 轴的范围
legend('Karman 谱','模拟谱'); % 标注的名称

% % 时程相关性绘图
function menu1_3_Callback(hObject, eventdata, handles)
% % 全局变量
global y z N;
global scale_r u_ref alpha I10 sigma_u Lu;
global detat Nw;
global u_his;
% % 参数
num1 = 1;num2 = 2; % 测点 1 和测点 2
nn = 5000; % 等分分数
t2 = [0:nn-1]' * detat;Rt = zeros(length(t2),1);
sigma = sigma_u; % 风速标准差
Lu2 = Lu; % 湍流积分尺度
Np = N;
h_ref = 10 * scale_r;
U_m = u_ref * (z/h_ref). ^alpha;
w_up = pi/detat;M = 2 * Nw;
syms f H0;
Cx = 6;Cy = 16;Cz = 10; % 三个方向的衰减系数
dy = zeros(Np,Np);dz = zeros(Np,Np);du = zeros(Np,Np);
um1 = zeros(Np,Np);um2 = zeros(Np,Np);
% % 平均风速
for p = 1:Np
    for q = 1:p
        dy(p,q) = abs(y(p)-y(q));dy(q,p) = dy(p,q);
        dz(p,q) = abs(z(p)-z(q));dz(q,p) = dz(p,q);
        du(p,q) = (U_m(p) + U_m(q))/2;du(q,p) = du(p,q);
        um1(p,q) = U_m(p); um1(q,p) = um1(p,q);
```

```
        um2(p,q) = U_m(q); um2(q,p) = um2(p,q);
    end
end
deta = sqrt(Cy^2 * dy(num1,num2)^2 + Cz^2 * dz(num1,num2)^2); u_avg = du(num1,
num2);
    %%矩阵 Rt
    for k = 1:length(t2)
        H0 = @(f)
4 * sigma^2 * sqrt((Lu2/U_m(num1))./(1 + 70.8 * (f * Lu2/U_m(num1)).^2).^(5/6). * ...
        (Lu2/U_m(num2))./(1 + 70.8 * (f * Lu2/U_m(num2)).^2).^(5/6)). * ...
        exp(-f * deta/u_avg). * cos(2 * pi * f * t2(k));
        Rt(k) = integral(H0,0,w_up/2/pi);
    end
    %%相关性
data = [t2, Rt;-t2, Rt]; data = real(data); data = sortrows(data,[1]); %
double-side
    d1 = u_his(num1,1:end)';d2 = u_his(num2,1:end)';NN = length(d1);
    [cor,lag] = xcorr(d1,d2,'unbiased');
    %%绘图
    figure; % 新建绘图窗口
    plot(data(:,1),real(data(:,2)),'-b',lag * detat,cor,'-r','LineWidth',2); % 绘图
    xlabel('Lag(s)');ylabel(strcat('Ruu^{',num2str(num1),',',num2str(num2),'}(\Del-
tat)')); % x 轴和 y 轴的名称
    axis([-500 500 -0.1 0.6]); % x 轴和 y 轴的范围
    legend('目标值','模拟值','location','northeast'); % 标注的内容和位置


    %%数据导出,网格坐标
    function menu2_1_Callback(hObject, eventdata, handles)
    %%全局变量
    global y z N;
    global scale_r u_ref alpha I10 sigma_u Lu;
    global detat;
    global u_his;
    %%网格坐标导出
    alldata = [y,z]; % 网格节点坐标
    dlmwrite('网格坐标.dat',alldata,'delimiter','','precision','%.4f'); % 网格节点坐
标保存
    fprintf('输出网格坐标完成! \n'); % 在命令窗口屏幕中输出进度
```

```
%%数据导出,时程数据
function menu2_2_Callback(hObject, eventdata, handles)
%%全局变量
global y z N;
global scale_r u_ref alpha I10 sigma_u Lu;
global detat;
global u_his;
%%时程数据导出
alldata = [u_his]; % 风速时程数据
dlmwrite('风速时程数据.dat',alldata,'delimiter','','precision','%.4f'); % 风速时
程数据保存
fprintf('输出风速时程数据完成! \n'); % 在命令窗口屏幕中输出进度


%%.mat 数据保存
function menu2_3_Callback(hObject, eventdata, handles)
%%全局变量
global y z N;
global scale_r u_ref alpha I10 sigma_u Lu;
global detat Nw;
global u_his;
%%保存.mat 文件
save Allfiles y z N scale_r u_ref alpha I10 sigma_u Lu detat Nw u_his -v7.3;
fprintf('输出所有文件完成! \n'); % 在命令窗口屏幕中输出进度


%%参数恢复按钮
function pushbutton_recover_Callback(hObject, eventdata, handles)
set(handles.edit_scale,'string',num2str(1));
set(handles.edit_10m_1,'string',num2str(10));
set(handles.edit_10m_2,'string',num2str(1));
set(handles.edit_10m_3,'string',num2str(100));
set(handles.edit_par_1,'string',num2str(1));
set(handles.edit_par_2,'string',num2str(1000));
set(handles.edit_par_3,'string',num2str(4));


%%网格文件读取
function pushbutton_read_Callback(hObject, eventdata, handles)
global y z N;
[filename] = uigetfile('.dat','请选择一个数据文件'); % 网格文件路径,弹出文件选
择窗口
```

```
yz = dlmread(filename,'',1,0); % 读取文件
y = yz(:,1); % y 坐标
z = yz(:,2); % z 坐标
N = size(y,1); % 节点数量
set(handles.text_gridnumber,'string',num2str(N)); % 在软件界面显示节点数量


%% 步骤详细介绍
function menu3_Callback(hObject, eventdata, handles)
msg = msgbox({'步骤 1:读取网格数据',...
                   '步骤 2:自定义风场和模拟参数',...
                   '步骤 3:开始模拟',...
                   '步骤 4:查看与导出结果',...
              }, '提示','modal');
```

知识点：GUI 界面高阶设计、GUI 界面默认参数设置、全局变量 global、GUI 界面数据文件选择函数 uigetfile、自回归模型理论、函数积分 quadl、元胞数组转矩阵函数 cell2mat、choleskey 分解函数 chol、高斯随机函数 normrnd、GUI 界面菜单功能设计、相关函数 xcorr、积分函数 trapz、功率谱函数 pwelch、对数坐标绘制 loglog、积分函数 integral、文件写入函数 dlmwrite、文件写入数据精度控制、文件读取函数 dlmread、MAT 文件保存命令 save、GUI 界面提示框命令 msgbox

11.3.2　程序代码解读

程序的运行界面如图 11-3 所示。显然，与第 10 章的 4 个 GUI 可视化界面设计案例相比，本例复杂很多。

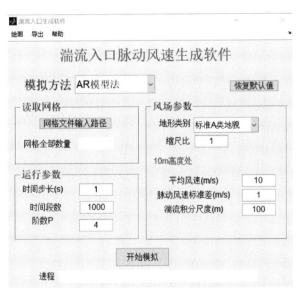

图 11-3　【例 11-3】的运行结果

点击 GUI 界面中的【帮助】，可出现如图 11-4 的提示窗口，介绍了该 GUI 界面的使用步骤，共包括 4 步，即读取网格数据、自定义风场和模拟参数、开始模拟、查看与导出结果。这部分内容的功能实现可在程序中的 menu3 函数中查看，该提示框通过 msgbox 来实现。

1. 读取网格数据

点击 GUI 界面中的【网格文件输入路径】，弹出选择提示框，提示用户选择网格数据文件。本例提供的网格数据示例文件 data. dat 内容如图 11-5 所示。数据共包含两列，为网格的横风向和竖向坐标，其中第 1 行为抬头。

图 11-4 【例 11-3】的帮助按钮提示内容　　图 11-5 【例 11-3】的网格数据示例文件 data. dat 内容截图

这部分内容的功能实现可在程序中的 pushbutton _ read 函数中查看。由于网格坐标后续均需使用，因此定义了网格坐标相关的全局变量。然后通过 uigetfile 函数弹出了一个网格文件选择的提示框，并将用户选择的文件路径赋值给 filename 变量。接着利用 dlmread 函数读取该文件，将网格数据的数量在 GUI 界面中的文本框中显示出来。

2. 自定义风场和模拟参数

该 GUI 界面中的参数可分为风场参数和运行参数两类。风场参数包括地形类别、缩尺比，还包括 10m 高度处的平均风速、脉动风速标准差、湍流积分尺度。这里主要是根据建筑结构荷载规范设定的 A、B、C、D 四类标准地貌的风况。GUI 界面的运行参数包括时间步长、时间段数（即样本数）、AR 模型阶数。由于内容过于专业，非相应方向的读者可跳过物理含义的解释，着重理解程序的设计框架和过程。

3. 开始模拟

点击 GUI 界面中的【开始模拟】，程序开始运行，并在进程框中显示当前程序运行的阶段。当程序运行完成后，进程框中会有相应的提示文字。这部分内容属于本程序的核心，可在程序中的 pushbutton _ start 函数中查看。

首先定义全局变量，识别用户选择的风场参数和运行参数；其次，基于自回归模型的基本理论进行模拟，生成满足目标风参数和功率谱的脉动风速时程数据；最后，生成网格节点对应的风速时程。这部分内容关键之处在于自回归模型的理论，感兴趣的读者可以进行扩展学习。

4. 查看与导出结果

本 GUI 界面提供的结果查看和导出功能比较丰富，提供了绘图和导出功能，其中绘图包括平均风剖面、脉动风速谱和相关性，导出包括坐标文件（. dat）、时程文件（. dat）以及所有数据。

平均风剖面绘制功能可在程序中的 menu1_1 函数中查看。程序模拟完成后，点击【绘图】-【平均风剖面】，可弹出如图 11-6 所示内容，展示了蒙特卡罗模拟得到的平均风速剖面和湍流强度剖面与目标值的对比。

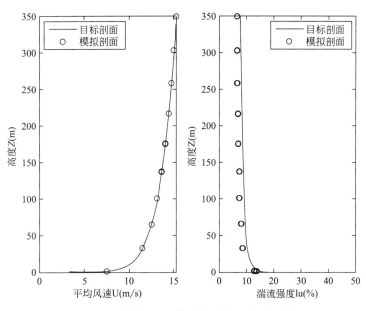

图 11-6　【例 11-3】的平均风剖面绘图示例

脉动风速谱绘制功能可在程序中的 menu1_2 函数中查看。程序模拟完成后，点击【绘图】-【脉动风速谱】，可弹出如图 11-7 所示内容，展示了蒙特卡罗模拟得到的脉动风速谱与目标值的对比。

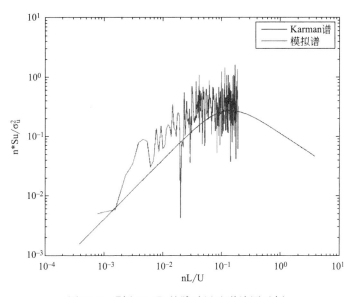

图 11-7　【例 11-3】的脉动风速谱绘图示例

互相关性绘制功能可在程序中的 menu1_3 函数中查看。程序模拟完成后，点击【绘图】-【互相关性】，可弹出如图 11-8 所示内容，展示了蒙特卡罗模拟得到的互相关性与目标值的对比。

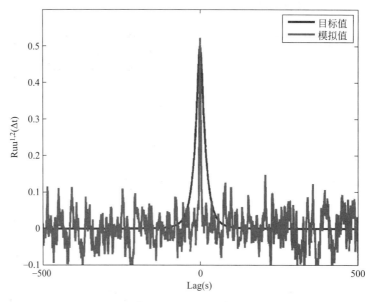

图 11-8　【例 11-3】的互相关性绘图示例

　　网格坐标保存功能可在程序中的 menu2_1 函数中查看。程序模拟完成后，点击【导出】-【坐标文件（.dat）】，可将网格文件进行导出保存，该部分内容应当与导入的网格数据文件一致，可用于检查程序是否正确运行。

　　风速时程数据保存功能可在程序中的 menu2_2 函数中查看。程序模拟完成后，点击【导出】-【时程文件（.dat）】，可将蒙特卡罗模拟得到的所有网格节点的风速时程导出保存。

　　模拟过程的所有变量保存功能可在程序中的 menu2_3 函数中查看。程序模拟完成后，点击【导出】-【所有数据】，可将整个模拟过程的变量进行保存，保存格式为 MAT-LAB 识别的 .mat 文件，可用于其他数据分析。

　　除此之外，该 GUI 界面还提供了一个参数恢复默认功能，点击【恢复默认值】即可将所有参数恢复为默认值，这是为了避免用户的误操作。该部分功能可在程序中的 push-button_recover 函数中查看。

　　以上是【例 11-3】的全部阐述，内容专业性非常强，建议读者重点理解 GUI 界面的设计和程序框架的构思，考虑将其应用到自己的专业领域和研究中。

11.4　本章小结

　　本章介绍了 MATLAB 中的 3 个综合应用实践案例，包括遗传算法优化目标函数、支持向量机评估身体健康状态、蒙特卡罗模拟 GUI 界面，涵盖优化算法、机器学习、蒙特卡罗模拟、GUI 界面设计等多个方面的知识点。读者可以通过本章内容的学习，掌握 MATLAB 工程应用高阶实践理念和程序框架设计思路。

附录　各章节实践案例和知识点汇总

章	节	案例名称	案例相关知识点
第1章	1.5节	求和计算的多种算法实现	for 循环 注释符号% while 循环 数组的概念 内置求和函数 sum 数组的快速构造 程序代码简化思路 点乘方 数值近似思想 数值离散思维 符号变量 syms 定积分函数 int vpa 函数 点除 数组合并
第2章	2.1节	科目不及格率计算	清除变量函数 clear 随机整数函数 randi 查找函数 find 小数点精确函数 roundn
	2.2节	分段函数自定义	清除窗口函数 close 自定义 syms 函数 逻辑判断高级应用 线性分段函数 linspace
		资金等值换算公式自定义	自定义 function 函数 switch 判断语句 打印函数 fprintf
	2.3节	班级成绩统计分析与数据生成	表格读取函数 xlsread 表格写入函数 xlswrite 排序函数 sort、sortrows 查找函数 find 元胞数组 cell
第3章	3.1节	GLL 和 GL 交错网格绘制	多项式求根函数 roots 网格生成函数 meshgrid 网格线绘制方法 绘图标注拼接方法 多项式函数 sym2poly
	3.2节	班级成绩分布柱状图	高斯随机函数 normrnd 区间统计函数 hist 柱状图函数 bar 坐标轴标签设置函数 xticklabel
	3.3节	发电结构饼状图	饼状图函数 pie

章	节	案例名称	案例相关知识点
第 4 章	4.1节	矩形区域网格节点云图	等高线函数 contour 等高线云图函数 contourf
	4.2节	复杂地形等高线云图	多维插值函数 TriScatteredInterp 等高线云图函数 contourf
	4.3节	复杂地形切片风速云图	不规则几何外形云图绘制 矩阵重组函数 reshape 矩阵唯一函数 unique 三维矩阵
第 5 章	5.2节	不规则几何外形风压分布云图动画	不规则外形云图动画制作 多行代码换行 矩阵最大值函数 max 程序耗时函数 tic 和 toc
		心形曲线绘制过程动画	元胞数组 cell 动画制作
		手写姓名过程动画	元宝数组 NaN 值 isnan 函数 手写名字坐标拾取 动画制作
第 6 章	6.2节	风洞试验风场调试数据风剖面拟合	目录函数 cd 文件读取函数 fgetl 字符串分割函数 regexp 文件批量读取方法 cftool 工具箱拟合自定义函数
		多项式自动拟合	函数拟合 函数拟合表达式自动标明 拟合函数参数获取函数 coeffvalues
		脉动风速功率谱自动拟合	功率谱函数 pwelch 拟合函数 lsqcurvefit 对数坐标绘制函数 loglog
第 7 章	7.1节	信号频谱的绘制	信号频谱绘制 nextpow2 函数 快速傅里叶变换函数 fft
	7.2节	低通滤波	低通滤波器 filter 函数
		高通滤波	高通滤波器
		带阻滤波	带阻滤波器

章	节	案例名称	案例相关知识点
第8章	8.2节	parfor 并行计算矩阵列均方根误差	parfor 并行
		Spmd 并行处理数据	spmd 并行
		parfor 并行绘制风压时程云图动画	parfor 并行 云图绘制函数 contourf 动画制作函数 movie2avi
第9章	9.2节	小波变换工具箱分解时间序列信号	小波变换工具箱 wavemenu
		优化工具箱寻找目标函数最优值	优化工具箱 optimtool 最小值函数 min
		神经网络工具箱预测短期时间序列信号	神经网络工具箱 ntstool 结构数组 累计求和函数 cumsum
		深度学习工具箱预测短期时间序列信号	深度学习工具箱 deepNetworkDesigner
第10章	10.2节	加法运算 GUI 界面设计	GUI 界面设计 文本框内容读取 文本框内容输入
		四则运算 GUI 界面设计	GUI 界面设计 popupmenu 对象内容获取 switch 语句
		自定义函数绘图 GUI 界面设计	GUI 界面设计 表达式计算函数 eval
		猜数字小游戏 GUI 界面设计	GUI 界面进阶设计 全局变量 global 随机整数生成函数 randperm if 嵌套语句 字符串查找函数 strfind 字符串判断方法
第11章	11.1节	遗传算法优化目标函数	遗传算法 结构数组 structure 转轮盘法 二进制 绘图函数 fplot
	11.2节	支持向量机评估身体健康状态	表格读取函数 xlsread 支持向量机理论 数据集分割算法 支持向量机训练函数 svmtrain 支持向量机分类函数 svmclassify 字符串对比函数 strcmp

续表

章	节	案例名称	案例相关知识点
第 11 章	11.3 节	蒙特卡罗模拟 GUI 界面	GUI 界面高阶设计 GUI 界面默认参数设置 全局变量 global GUI 界面数据文件选择函数 uigetfile 自回归模型理论 函数积分 quadl 元胞数组转矩阵函数 cell2mat choleskey 分解函数 chol 高斯随机函数 normrnd GUI 界面菜单功能设计 相关函数 xcorr 积分函数 trapz 功率谱函数 pwelch 对数坐标绘制 loglog 积分函数 integral 文件写入函数 dlmwrite 文件写入数据精度控制 文件读取函数 dlmread MAT 文件保存命令 save GUI 界面提示框命令 msgbox

参考文献

［1］胡伟成，杨庆山，闫渤文，张建．基于谱元法的复杂地形风场大涡模拟［J］．工程力学，2018，35（12）：7-14.

［2］建筑结构荷载规范 GB 50009-2012［S］．北京：中国建筑工业出版社，2012.

［3］雷英杰，张善文．MATLAB 遗传算法工具箱及应用［M］．西安：西安电子科技大学出版社，2014.

［4］张德丰．MATLAB 神经网络应用设计［M］．北京：机械工业出版社，2012.

［5］薛定宇，陈阳泉．高等应用数学问题的 MATLAB 求解［M］．北京：清华大学出版社，2018.

［6］刘卫国，陈昭平，张颖．MATLAB 程序设计与应用［M］．北京：高等教育出版社，2017.

［7］薛年喜．MATLAB 在数字信号处理中的应用［M］．北京：清华大学出版社，2008.